学术研究专著·材料科学与工程

纤维增强羟基磷灰石及其生物复合材料

曹丽云　黄剑锋　王　勇
曾丽平　沈基显　郑　斌　　著

国家自然科学基金（50772063）

陕西省自然基金项目（2005E109,08JK220,2005k114,SJ08‐ZT05）

教育部博士点基金（20070708001）

教育部新世纪优秀人才支持计划基金（NECT‐06‐0893）

U0202370

西北工业大学出版社

西　安

图书在版编目(CIP)数据

纤维增强羟基磷灰石及其生物复合材料/曹丽
云等著. —西安:西北工业大学出版社,2019.5
ISBN 978-7-5612-6480-5

Ⅰ.①纤… Ⅱ.①曹… Ⅲ.①纤维增强复合材料-研
究 Ⅳ.①TB33

中国版本图书馆 CIP 数据核字(2019)第 077042 号

XIANWEI ZENGQIANG QIANGJI LINHUISHI JIQI SHENGWU FUHE CAILIAO
纤 维 增 强 羟 基 磷 灰 石 及 其 生 物 复 合 材 料

责任编辑:张珊珊	**策划编辑**:雷 军
责任校对:胡莉巾	**装帧设计**:董晓伟

出版发行:西北工业大学出版社
通信地址:西安市友谊西路 127 号 邮编:710072
电 话:(029)88491757,88493844
网 址:www.nwpup.com
印 刷 者:兴平市博闻印务有限公司
开 本:787 mm×1 092 mm 1/16
印 张:8.625
字 数:205 千字
版 次:2019 年 5 月第 1 版 2019 年 5 月第 1 次印刷
定 价:38.00 元

如有印装问题请与出版社联系调换

前　言

　　生物医学材料学的迅速发展为治疗骨缺损、制备功能和力学性能满足临床要求的新型骨修复材料提供了光明的前景。聚甲基丙烯酸甲酯（Polymethyl Methacrylate，PMMA）作为一种广泛应用的骨组织支撑材料，在骨-水泥界面易形成纤维组织，其生物活性较差。采用羟基磷灰石、生物活性陶瓷或自然骨粉等颗粒来增强聚甲基丙烯酸甲酯复合材料，所制备的复合材料具有很好的生物相容性和生物活性，但其强度很难达到要求。

　　提高羟基磷灰石等生物活性颗粒增强聚甲基丙烯酸甲酯复合材料的力学性能，纤维增强是一种很有效的方法。纤维增强纳米羟基磷灰石-聚合物复合材料作为一种全新人工骨修复材料，以高强度纤维和羟基磷灰石作为增强结构，聚合物作为基体，兼具优异的力学性能和生物活性，是目前各国重点发展和研究的关键材料之一。

　　通过近几年的研究，笔者对纤维增强纳米羟基磷灰石-聚合物基生物复合材料的制备工艺和性能评价有了较为全面的认识，在系统地总结陕西科技大学无机材料绿色制造及功能化应用创新团队关于纤维增强复合材料研究成果的基础上，编写了本书。

　　全书主要内容由曹丽云教授负责撰写，其他作者参与了部分内容的编写，并做了大量的图表和文字的整理工作。本书全面系统地介绍了生物复合材料的基础理论和发展概况，论述了碳纤维、玻璃纤维增强的羟基磷灰石-聚合物基生物复合材料、碳纤维或氧化锆纤维增强聚甲基丙烯酸甲酯-聚丙烯酸甲酯生物复合材料的制备工艺、表征方法以及其性能的评价体系，阐明了制备工艺条件对此类材料结构以及力学性能、生物相容性的影响规律。本书的研究内容可以作为相关科研人员的参考资料或者从事本领域学习和研究的研究生及本科生的教材使用。

　　在此，特别感谢为本书撰写提供较大帮助的曾丽平、沈基显和郑斌硕士，同时也对本书中所引用参考资料的作者表示衷心感谢！

　　鉴于生物复合材料的内容非常广泛，新型材料层出不穷，本书仅总结近几年本团队的研究成果和相关内容。由于水平有限，书中有所疏漏也在所难免，恳请大家批评指正。

曹丽云

2018 年 6 月于西安

目　　录

第1章
绪　　论

1.1　生物材料简介

生物材料(biomaterials)又称生物医用材料(biomedical materials),是对生物体进行诊断、治疗和置换损坏的组织、器官或增进其功能的材料,是一种用来取代活体部位或在与活体组织内部联系中发挥作用的合成材料。根据生物材料的特点和性质,可将生物材料定义为"一种用于植入或与活体系统结合的无药理学和无生命性质的物质"。目前,金属、陶瓷、高分子及其复合材料是应用最广泛的生物医用材料。

第六届国际生物材料年会(2000 年,美国夏威夷)对生物材料的定义为"生物材料是一种植入躯体活系统内或与活系统相结合而设计的物质,它与躯体不起药理反应"。

公元前 3500 年到 20 世纪 20 年代是人类主要利用天然和半天然生物材料的阶段,此后,人类进入了使用全人工合成生物材料的时代。生物医用材料的应用在 20 世纪 60 年代兴起,80 年代获得高速发展,它最早的使用可以追溯至 19 世纪末。迄今为止,除了人脑等极少数器官外,人体的各个部位都可以用人工制备的生物材料进行修补和置换,并取得了良好的效果。

总结生物材料发展历史及所使用的材料,生物材料一般可分为三代:第一次世界大战以前所使用的材料,属于第一代生物医学材料,具有代表性的有石膏、各种金属、橡胶以及棉花等,这一代的材料多数已被现代医学所淘汰;第二代生物材料的发展是建立在医学、材料科学(尤其是高分子材料学)、生物化学、物理学及物质结构性能测试技术发展的基础之上的,代表材料有羟基磷灰石、磷酸三钙、聚乙醇酸、聚乳酸、聚甲基丙烯酸甲酯、胶原、多肽、纤维蛋白等;第三代生物材料是一类具有促进人体自身修复和再生作用的生物医学复合材料,它们一般由具有生理活性的组元及控释载体的非活性组元两部分构成,具有比较理想的修复再生效果。

1937 年,德国人首先研制出热固型甲基丙烯酸甲酯基托材料,以替代当时普遍使用的硫化橡胶,使义齿的质量获得了巨大的提高。半个多世纪以来,聚甲基丙烯酸甲酯因具有良好的理化、力学和生物学性能及色泽好、易加工成型等诸多优越性,是目前制作义齿最常用的材料,一直被广泛应用于临床。但即便有最佳的临床经验、适应证的选择、人工牙的排列,有时义齿基托仍然会发生折裂,因此,许多学者在应用不同手段调查、研究义齿树脂基托折裂的原因,以及应用各种方式和材料加强义齿树脂基托的强度、改进其力学性能等方面做了大量的研究工作。近年来,树脂基托性能改进已成为口腔修复学领域主要的研究课题之一。

1.2　生物材料的分类及基本性质

依据不同的分类标准,生物材料又可以分为不同的类型。

根据材料的生物性能,生物材料可分为生物惰性材料、生物活性材料、生物降解材料和生物复合材料四类。

(1)生物惰性材料。生物惰性材料是指一类在生物环境中能够保持稳定,不发生或仅发生微弱化学反应的生物医学材料,主要是惰性生物陶瓷类和医用金属及合金材料。生物惰性材料主要包括氧化物陶瓷(Al_2O_3,ZrO_2)、Si_3N_4陶瓷、玻璃陶瓷、医用碳素材料和医用金属材料等。该类材料由于具有生物惰性,植入体内后无论是形体还是结构一般都不会发生改变,力学性能稳定,因此是目前人体承重材料中应用最广泛的材料之一。

(2)生物活性材料。生物活性材料是一类能与周围组织发生不同程度生化反应的生物医学材料。这类材料的组成中含有能够通过人体正常的新陈代谢进行转换的钙(Ca)、磷(P)等元素,或含有能与人体组织发生键合的羟基(— OH)等基团。它们的表面同人体组织可通过键的结合达到完全的亲和,或部分或完全地被人体组织吸收和取代。人们往往希望选择并制成与人体骨组织理化性能十分近似的微孔材料,这样在植入人体后,骨组织可向材料的孔内生长,通过溶解、吸收,材料可部分或完全被替代。生物活性材料主要包括树脂基复合材料、羟基磷灰石(Hydroxypatatite,简写为 HA,分子式为 $Ca_{10}(PO_4)_6$($OH)_2$)材料、磷酸钙生物活性材料、生物磁性陶瓷材料和生物活性玻璃等。

1) 磷酸钙生物活性材料:这类材料主要包括磷酸钙骨水泥和磷酸钙陶瓷纤维两类。前者是一种广泛用于骨修复和固定关节的新型材料,有望成为部分取代传统的聚甲基丙烯酸甲酸有机骨水泥。国内研究人员发现,其抗压强度高达 60 MPa。后者具有一定的机械强度和生物活性,可用于无机骨水泥的补强及制备有机与无机复合型植入材料。

2) 生物磁性陶瓷材料:生物磁性陶瓷材料主要为治疗癌症用磁性材料,它属于功能活性生物材料的一种。将其植入肿瘤病区内,在外部交变磁场作用下可产生磁滞热效应,导致磁性材料区域内局部温度升高,借以杀死肿瘤细胞,抑制肿瘤的发展。将其用于动物实验,发现具有良好的治疗效果。

3) 生物活性玻璃:它主要指微晶玻璃,包括生物活性微晶玻璃和可加工生物活性微晶玻璃两类。目前,该方向已成为生物材料的主要研究方向之一。

4) 羟基磷灰石:它是目前研究最多的生物活性材料之一,作为最有代表性的生物活性陶瓷,羟基磷灰石在近代生物医学工程学科领域一直受到人们的密切关注,也是本书的主要研究对象。

(3)生物降解材料。生物降解材料是指那些被植入人体以后,能够不断发生降解、降解产物能够被生物体所吸收或排出体外的一类材料,主要包括 β-磷酸三钙(β-TCP)生物降解陶瓷和降解性高分子生物材料两类。

(4)生物复合材料。生物复合材料又称为生物医用复合材料,它是由两种或两种以上不同材料复合而成的生物医用材料,此类材料主要用于修复及替换人体组织、器官或增进其功能。根据不同的基材,生物复合材料又可分为高分子基复合材料、金属基复合材料和陶瓷基复合材料三类。

按照生物材料与组织间的结合方式,生物材料可分为以下三种基本类型。

(1)形态结合生物材料。形态结合主要发生于致密生物惰性陶瓷与组织间的结合。典型材料有多晶和单晶氧化铝陶瓷、氧化锆陶瓷等。形态结合是组织长入植入体粗糙不平的表面而形成的一种机械锁合,要求植入体和组织间紧密地配合,否则界面可能发生移动,将导致材料表面纤维膜增厚并最终造成修复失败。增加惰性生物陶瓷表面的粗糙度,在植入体表面制造螺纹以及采用压配等植入方法,是使生物惰性陶瓷植入成功的有效措施。

(2)生物学结合生物材料。生物学结合主要发生于多孔生物惰性陶瓷与组织间的结合。典型材料有多孔多晶氧化铝陶瓷等。生物学结合是通过骨和组织长入多孔植入体表面或内部交联的孔隙而实现的一种材料-组织结合。生物学结合也要求植入体和组织在界面上不发生相对移动,否则组织和血管会在界面处被切断,导致孔隙内活体组织坏死、周围组织发炎,最终使得植入失败。

(3)生物活性结合生物材料。生物活性结合主要发生于表面生物活性材料与组织间的结合。其可分为两种类型:一类如致密羟基磷灰石陶瓷,其表面就是羟基磷灰石;另一类如生物玻璃和生物活性玻璃陶瓷,其表面不是羟基磷灰石,但在生理环境中可以通过生物化学反应在表面形成羟基磷灰石层。它们通过表面的羟基磷灰石层在体内发生选择性化学反应而与组织实现结合,是一种化学键性结合。这种键合非常强,常常高于自然骨和材料自身的结合强度,以致断裂总是发生于骨和材料之中,而很少发生在界面。

根据材料的属性,生物材料又可分为陶瓷材料、金属材料和有机材料,见表1-1。

表1-1 陶瓷材料、金属材料、有机材料的性能比较

性　能	陶瓷材料	金属材料	有机材料
生物相容性	良好	中等	中等
化学稳定性	高	低	中等
耐热性	好	中等	差
热膨胀性	小	中等	大
热传导性	中等	好	差
硬度	高	中等	小
压缩系数	小	中等	大
拉伸系数	中等	大	中等
可成型性	难	中等	容易

在此基础上,生物材料可进一步分为生物医用金属材料、生物医用高分子材料、生物医用陶瓷材料和生物衍生材料四类。

(1)生物医用金属材料。金属材料具有较优的机械性能、韧性和加工性能。选择金属材料时应考虑以下几个问题:腐蚀性、毒性和机械性能。常用的金属材料有不锈钢、Co 基合金、Ti 及 Ti 合金等。此外,还有形状记忆合金、贵金属以及纯金属 Ta,Nb,Zr 等。

(2)生物医用高分子材料。生物医用高分子材料是被广泛用于人体植入材料、牙体材料、包敷材料、矫形器件、补缺材料及体外循环设备的材料。它既可以来源于天然产物,又可以人工合成,此类材料除应满足一般的物理、化学性能要求外,还必须具有良好的生物相容性。

(3)生物医用陶瓷材料。生物医用陶瓷材料又称生物医用无机非金属材料,此类材料的化学性能稳定,具有良好的生物相容性。

(4)生物衍生材料。生物衍生材料是由经过特殊处理的天然生物组织形成的生物医用材料,也称为生物再生材料,主要用于人工心脏瓣膜、血管修复体、皮肤敷膜、纤维蛋白制品、骨修复体、鼻软骨种植体和血液透析膜等。

1.3 骨组织及人工骨修复材料简介

1.3.1 骨组织

骨组织是一种特性化的结缔组织,坚硬而有一定韧性。人体骨骼系统由 206 块形状大小不一的骨构成,形成支持全身整体结构和功能的支架,对内脏器官起保护作用,与附着的肌肉组织协调地完成各种运动和对环境应力变化的反应。在人的一生中,骨组织不断塑建和重建,从而适应成年前机体的生长发育和成年后机体支撑功能的变化需求。人体 99% 以上的钙及 85% 的磷以磷灰石的形式贮于骨组织中,其中钙可经血液运送而转移以维持全身组织中钙的适当水平,因此,骨不仅是人体的钙、磷贮存库,而且起着调节血液中钙离子质量分数的作用。

1.骨组织的组成

骨组织是由骨细胞和矿化的细胞间质骨基质组成的高度分化的结缔组织,其最大特点是骨基质中有大量的钙盐沉积,这使骨组织成为人体最坚硬的组织之一。

骨组织内的细胞一般可分为四种类型,即骨母细胞(骨原细胞)、成骨细胞、骨细胞和破骨细胞。在骨的形态结构不断破坏和重建过程中,这四种细胞共同完成吸收旧骨与生成新骨的作用。

骨基质是矿化的细胞间质,主要由无机质和有机质构成,其中无机质占干骨质量的 65%~75%,而有机质约占干骨质量的 30%。骨基质中含水较少,仅占湿骨质量的 8%~9%。

无机质(又称骨盐)中,磷酸钙占 84%,碳酸钙占 10%,柠檬酸钙占 2%,碳酸氢钠占 2%,磷酸镁占 1%。无机质大部分以弱结晶的羟基磷灰石形式分布于有机质中,少部分无定形磷酸钙是最初沉积的无机盐,以非晶态形式存在,随后转变为结晶的羟基磷灰石,晶体体积小,密度大。羟基磷灰石晶体还吸附许多其他矿物质,如镁、钠、钾和一些微量元素。因此,骨是钙、磷和其他离子的储存库。这些离子能位于羟基磷灰石结晶的表面,或能置换晶体中的主要离子,或者两者同时存在。晶体中的 OH^- 可被 F^- 取代,CO_3^{2-} 能取代晶体中的 PO_4^{3-}。

有机质包括胶原纤维和无定形基质,其中胶原纤维占 90%,无定形基质仅占有机质的 10%左右。

从材料学的角度来看,自然骨可以认为是由无机纳米羟基磷灰石和有机胶原纤维构成的复合材料。纳米粒子填充于胶原纤维基质中,赋予骨坚硬性和高的压缩强度;胶原纤维赋予骨强的韧性、弹性和高的抗拉、抗弯强度。有机质与无机质结合,使骨组织具有坚强的支撑能力。

2.骨组织的结构

骨分为密质骨和松质骨。其表面一层十分致密而坚硬,称为密质骨,而内层和两端是许多不规则的片状或线状骨质结构,称为松质骨。成年人的这两种骨都具有板层状结构,故又称为板层骨。板层骨内的胶原纤维排列规则,如在密质骨内,胶原纤维环绕血管间隙而呈同心圆排列。在松质骨内,胶原纤维与骨小梁的纵轴平行排列。长骨两端的骨骺主要由松质骨构成,长骨的中段称为骨干,呈管状,由密质骨构成管壁。中间的管腔称为骨髓腔。

在光学显微镜下,骨由不同排列方式的骨板所构成,骨板由骨膜、外环骨板层、哈佛氏系统和内环骨板组成。骨膜是由致密结缔组织所组成的纤维膜,包被在骨表面的,称为骨外膜;衬附在骨髓腔面的则称为骨内膜。表面的骨板环绕骨干排列称为外环骨板层,由数层骨板构成,其外和骨外膜紧密相连。靠近骨髓腔面有数层骨板环绕骨干排列,称为内环骨板层。在内外环骨板层之间是骨干密质骨,其主要部分由许多骨单位所构成。骨单位为厚壁的圆筒状结构,与骨干的长轴呈平行排列,中央有一条细管称哈佛氏管。围绕哈佛氏管有一层骨板呈同心圆排列,宛如层层套入的管鞘。哈佛氏管与其周围的骨板层共同组成骨单位,亦称作哈佛氏系统。

在哈佛氏系统中,骨盐晶体紧密而规则地排列在胶原基质中。其结晶方向沿胶原纤维的长轴取向,晶体的中心晶轴与胶原纤维的长轴平行。骨板中胶原纤维束以一定的方向排列。10~20 层骨板层排列,相邻骨板中的纤维,成一定角度或相互垂直的方向排列。骨板的层状结构之间有骨胶纤维在骨板与骨板之间贯穿,以增加层间强韧性,然后以空心圆柱状包合形成哈佛氏系统,使得骨板中的胶原纤维呈螺旋状缠绕。骨单位靠不规则的间骨板黏合在一起,内接内环骨板和骨髓,外连外环骨板形成骨。

密质骨和松质骨的力学性能如表 1-2 所示。

表 1-2　密质骨和松质骨的力学性能

性　能	测量结果	
	密质骨	松质骨
弹性模量/GPa	$14\sim20$	$0.05\sim0.5$
抗张强度/MPa	$60\sim120$	$10\sim20$
压缩强度/MPa	$50\sim140$	$7\sim10$
断裂韧性/$(MPa \cdot m^{1/2})$	$2\sim12$	0.1
应变	$1\sim3$	$5\sim7$
密度/$(g \cdot cm^{-3})$	$1.8\sim2.2$	$0.1\sim1.0$
表观密度/$(g \cdot cm^{-3})$	$1.8\sim2.0$	$0.1\sim1.0$
表面容积/$(mm^2 \cdot mm^{-3})$	2.5	20
骨容积/mm^3	1.4×10^6	0.35×10^6

3. 骨组织的力学性能

骨具有良好的力学性能,其力学性能随着人的年龄变化而变化,随部位不同而不同。沃尔夫(Wolff)提出一个重要假说,他认为,"骨在其功能需要的地方生长,在不需要的地方吸收",这被称为"沃尔夫定律"。骨功能适应性原理说明,骨的变化与其承受的应力有密切的关系,这也是导致骨具有不规则形状的重要原因,即骨进化的趋势是用最小的质量承受最大的外部应力。以此原理为基础发展出康复医学,特别是在骨折修复阶段,适当的外力刺激骨折部位有助于骨组织生长。

4. 骨组织的功能

骨组织可以看作是一种无机/有机复合材料,人体骨通过非常复杂的方式巧妙地将有机的骨基质结构和无机的骨盐框架结构互相紧密地结合起来,并满足生物和力学上的各种功能要求。骨存在各向异性,具有黏弹性和良好的动力适应性。骨的优良性质与它的功能相一致。其功能主要有两个方面:一是组成骨骼系统,作为人体支撑和维持人体正常形态的部分,它保护内脏器官,为人体的运动创造条件。骨组织会不断改变其形状和结构,重建新的骨组织,吸收陈旧的骨组织,保持其功能适应性。二是通过调整血液电解质(包括 Ca^{2+},H^+,HPO_4^{2-} 等),保持体内矿物质的动态平衡,即骨髓造血,钙、磷的储存与代谢等功能。

骨是一种活的生物材料,它在人的生长发育和骨病康复过程中不是一成不变的,而是不断地塑建和重建。骨正是通过塑建与重建以适应变化的力学环境,更好地调整其功能适应性。

骨塑建是指引起骨的几何形状、大小及所含骨量的改变,并塑造成一定外观形状和内外直径的骨活动,该活动一直存在到骨成熟为止。骨塑建过程包括初级骨化中心的成骨活动从骨干中部逐渐向两端推移,骨的长度逐渐增加,密质骨不断在骨外膜沉积,同时骨膜发生骨吸收,使骨干的直径增大,随后成骨细胞填充类骨,进而矿化成骨。

骨塑建与骨重建不同之处在于骨塑建是构建骨的形状、大小和骨含量,而重建是骨的转换,不能改变骨的形状和骨含量。骨塑建的破骨和成骨活动在骨成熟后即停止。骨重建是只要有生命活动就存在的骨转换过程。

1.3.2 人工骨修复材料

当骨组织因为创伤、感染、肿瘤及发育异常等原因被实施手术剔除病变骨组织后,会造成大块骨缺损,此时仅仅依靠骨自身的修复能力无法愈合,必须进行骨移植手术将合适的骨材料填充缺损部位,以便于新骨生长。否则,纤维组织会填充缺损位置,阻碍缺损部位的新骨形成,造成骨不连。移植骨的来源有自体骨、异体骨和人工骨材料。最理想的骨修复材料是自体骨,自体骨移植是把部分骨从人体某一部位(骨盆、肋骨等)取出后再移植到待修复部位。这是以牺牲健康组织为代价的方法,治疗效果令人满意,但存在供体有限且需要二次手术取骨给患者带来更多痛苦的问题。而异体移植虽然不需两次手术,且具有自体骨的一些优越的组织特点,但异体骨移植容易带来疾病,并存在免疫排斥反应等问题,所以其应用受到很大限制。

为了克服这些局限,人们开始研究人工骨替代材料。生物医学材料学的迅速发展为治疗骨缺损、制备功能和力学性能满足骨修复要求的新型骨修复材料提供了光明的前景。目前,用于骨修复的生物材料分为以下四种:医用无机生物材料、医用金属及合金材料、医用高分子材料和医用复合材料。

1.医用无机生物材料

用于硬组织修复的医用无机生物材料也称为生物陶瓷,包括生物玻璃、羟基磷灰石、氧化铝、氧化锆、碳酸钙和碳纤维等。生物陶瓷材料根据与活体骨组织之间的结合方式,又可分成两类:生物惰性材料和生物活性材料。

生物惰性材料是指在生物环境中能保持稳定,不发生或仅发生微弱化学反应的生物材料。它所引起的组织反应,是围绕植入体的表面形成一薄层包裹纤维膜,与组织间的结合主要是靠组织长入其粗糙不平的表面或多孔中,从而形成一种机械嵌合即形态结合,如烧结氧化铝陶瓷、氧化锆陶瓷和碳素材料等。高密度氧化铝是最早被应用于临床的生物陶瓷之一,它具有良好的力学性能,但其弹性模量较骨高,植入体内会引起植入部位的骨吸收,并且氧化铝等生物陶瓷是生物惰性材料,不与骨发生键合,由于免疫排斥作用,机体组织和材料界面处会形成纤维组织包裹层,导致植入物松动、脱落,容易因应力集中而导致脆性断裂。

生物活性材料是指能在材料界面上诱导出特殊生物反应或调节生物活性的生物材料,这种反应导致组织和材料之间形成键结合。这个概念是美国人 L. Hench 在 1969 年首先由提出的,Hench 等人在研究生物玻璃时发现,Na_2O - CaO - SiO_2 - P_2O_5 系列玻璃材料植入体内后,能与生物环境发生一种特殊的表面反应,使材料与自然骨组织形成牢固的化学键结合。Hench 命名这种玻璃叫生物活性玻璃,命名具有这种特性的材料为生物活性材料。由此可见,生物材料科学中所指的"生物活性",是一种能在材料和组织界面上形成化学键的性质。生物活性材料在人体内的生物活性在于其表面重新形成了一层新的羟基灰石层,通过这层羟基磷灰石层与骨组织形成牢固的结合。通过羟基磷灰石层与骨结合,是生物活性材料的本质,非生物活性陶瓷均不能在其表面形成羟基磷灰石层。生物活性陶瓷包括羟基磷灰石、磷酸三钙和生物活性玻璃等。其中,羟基磷灰石由于是自然骨的主要无机成分,植入体内不仅能传导成骨,而且能与新骨形成骨键合,在肌肉、韧带或皮下种植时,能与组织结合,无炎症或刺激反应,是一种典型的生物活性陶瓷。生物活性材料具有的这些特殊的生物学性质,有利于人体组织的修复,是生物材料研究和发展的一个重要方向。然而,陶瓷材料用于骨组织修复还存在一些不足,如物理机械性能不理想、脆性大、不易被吸收、骨诱导作用弱等,从而大大限制了其应用范围。

2. 医用金属及合金材料

医用金属材料是较早使用的生物医学材料,它作为人工器官的修复和代用材料已有100多年的历史,常见的有不锈钢、铜、钴、铬钼合金(Co, Cr, Ni)、钛合金、形状记忆合金和医用磁合金等。目前,植入体内的大部分不锈钢是奥氏体钢,常用型号有 AISI316、AISI316L 和 AISI317 等,主要用于骨的固定、人工关节、齿冠及齿科矫形。钴、铬、钼合金通常称为钒钢,商品牌号为 Vitallium,是优质的骨修复医用金属材料。钛金属密度与人骨相近,但纯钛的强度低,故通常使用钛的合金,主要用作人工牙根、人工下颌骨和颅骨修复。钛镍合金在特定温度下具有"形状记忆"功能,其记忆效应基于热弹性马氏体合金的性质。用钛镍合金制成的制品,在低于马氏体转变温度时具有高度的柔韧性,此时可使之产生一定程度的形变,待温度升到转变温度以上时,制品又会恢复原来的形状。通过改变合金中钛和镍的质量分数,可把转变温度调节到人的体温附近,在临床使用时,将合金在高于人体温度下制成所需之形状,再在低温下使之形成易于植入的形状,待植入后,温度回升到人的体温,制品会恢复到按需要所事先设计的形状。美国有专门的厂家生产钛镍合金制品,如齿科矫形弓丝及骨科用的固定件等。

金属材料具有原料来源广泛、易加工成型、制造成本低、易于消毒处理的特点,常用作人工器官的针、钉、板等器件。目前已在诸如畸牙整形、脊柱矫形、断骨接合、颅骨修补、心血管支撑等方面获得广泛的应用。然而,医用金属材料也有较大的缺点,主要是结构和性质与骨相差很大,缺乏生物活性,通常不能像生物活性材料那样与骨组织发生键结合,其应用具有一定的局限性,并且绝大多数医用金属材料弹性模量较骨过高,易造成骨吸收,引起种植体松动。金属材料在体液作用下,持续放出金属离子,这些释放物本身不具有生物亲和性,也不能参加生物组织的正常代谢,生物组织会对其产生排斥反应,材料周围形成的纤维包裹层也逐渐增厚,并逐渐致密化、钙化,甚至导致纤维瘤形成,同时伴随积液、炎症及坏死等现象。因此,进一步改善植入材料的生物相容性、抗腐蚀能力,增强其与肌体组织的结合力,提高安全使用性能仍是金属生物材料推广应用所面临的主要问题。目前,运用物理化学方法、形态学方法、生物化学方法对其表面进行处理,制备出具有生物活性和组织相容性的羟基磷灰石涂层是对其进行改性的研究热点之一。

3. 医用高分子材料

医用高分子材料是生物医学材料中的重要分支,也是一个正在迅速发展的领域,主要包括天然高分子材料和人工合成高分子材料两大类。

常见的天然高分子材料主要包括胶原、壳聚糖(Chitosan, CS)、明胶和几丁质等。这些天然聚合物生物相容性好,其结构与人体组织更加接近,且具有细胞识别信号(例如RGD短肽序列),因而有利于细胞黏附、增殖和分化。但在实际操作中,天然高分子材料存在许多致命弱点,如生理活性太强而受到人体排斥,因体内不同组织部位酶的含量不同而难以评价其体内降解速率和机械性能差等,这些缺点限制了应用。

人工合成高分子材料比天然高分子材料具有更多优点。合成材料通过控制条件、其生产重复性好,可根据需要大量生产,通过简单的物理、化学改性,可获得广泛的性能,以满足不同需要,因此,合成高分子材料在生物医用材料中的应用更加广泛。人工合成聚合物可分为不可降解聚合物和可降解聚合物两类。不可降解的聚合物有聚乙烯、聚甲基丙烯酸甲酯等,可降解聚合物主要有聚乳酸、聚乙醇酸、聚偶磷氮、聚原酸酯、聚己内酯、聚酯脲烷、聚酸酐亚胺共聚物、聚羟丁酯等。其中聚乳酸、聚乙醇酸及其共聚物是应用最为广泛的硬组织修复用可降解生物材料,但在应用过程中也发现不少缺点:①机械强度不足,尤其是抗压强度不足;②降解速度过快,容易引起材料结构失去支撑作用;③引起无菌性炎症,这可能与聚合物降解过程中产生酸性降解有关;④亲水性差,细胞吸附力弱。

4. 医用复合材料

医用复合材料是指由两种或两种以上不同种类的生物材料通过物理化学等工艺复合的生物医用材料,它主要用于人体组织的修复、替换和人工器官的制造。该类复合材料根据应用需求进行设计,由基体材料与增强材料或功能材料组成,复合材料的性质取决于组分材料的性质、含量和它们之间的界面。医用复合材料主要包括高分子/高分子复合生物材料、金属/无机复合生物材料和高分子/无机复合生物材料三大类。其中,高分子/高分子复合生物材料的研究主要集中在可降解高分子材料之间的复合上,包括天然高分子材料、生物合成聚酯,以及人工合成聚酯和聚酸酐等。通过对不同组分复合材料的相容性以及结构和性能的考察,筛选具有最佳综合性能的复合生物材料。对于金属/无机复合生物材料,由于用于人体硬组织修复的金属材料具有优良的力学性能,但生物相容性较差,通过一些物理或化学手段(等离子喷涂、电化学沉积等),在金属材料表面形成一层磷酸钙盐,能大大改善金属材料表面的生物相容性,并与周围的骨组织形成良好的键结合。与其他两类复合材料相比,高分子/无机复合生物材料应用研究更为广泛和深入,其主要用途在于修复和重建人体的硬组织,作为骨修复或骨固定材料来使用。高分子/无机复合生物材料结合了有机组分的韧性和无机组分的刚性,充分利用了无机组分或部分有机组分的生物活性或降解性能,形成了具有综合使用性能的骨修复复合材料。骨修复复合材料与周围组织的最终结合形式以及被利用的状况与材料组分的降解特性、材料的结构状况等密切相关。

综上所述,生物材料发展和应用的高级阶段是其在组织工程中的应用,通过构建具有一定活性的基体材料,制备具有生物相容性的器件或器官,实现对人体损害或缺损组织的修复或替代。

1.4 羟基磷灰石-聚合物骨修复材料

1.4.1 羟基磷灰石的结构

羟基磷灰石的分子式为 $Ca_{10}(PO_4)_6 \cdot (OH)_2$,也可认为是由 $Ca(OH)_2 \cdot 3(Ca_3(PO_4)_2)$ 组成,其中,$n_{Ca} : n_P = 1.67$,与自然骨中的 $n_{Ca} : n_P$ 一致。用 X 射线衍射分析发现分别在 $2\theta = 26°, 32°, 40°$ 和 $48°$ 处有特征衍射峰(见图 1-1)。

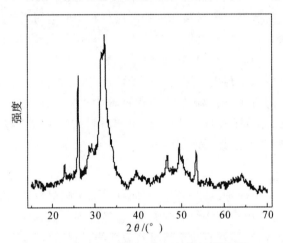

图 1-1 羟基磷灰石的 X 射线衍射图谱

湿法制备羟基磷灰石主要有以下两种方法:

一种是可溶性钙盐与磷酸盐的复分解反应:

$$10Ca^{2+} + 6HPO_4^{2-} + 8OH^- \longrightarrow Ca_{10}(PO_4)_6(OH)_2 \downarrow + 6H_2O \qquad (1-1)$$

在碱性环境下(pH=9~14)按化学式计量比将可溶性钙盐($Ca(NO_3)_2$)和磷酸盐溶液(($NH_4)_2HPO_4$)混合,再滴加氨水和 NaOH 溶液制备而成。

另一种是酸碱中和反应:采用 $Ca(OH)_2$ 和 H_3PO_4 为起始原料,由于 $Ca(OH)_2$ 溶解度较小,生成的羟基磷灰石和悬浮液中 $Ca(OH)_2$ 溶胶混合,导致分离困难。

$$10Ca(OH)_2 + 6H_3PO_4 \longrightarrow Ca_{10}(PO_4)_6(OH)_2 + 18H_2O \qquad (1-2)$$

(1)羟基磷灰石的溶解性:$Ca(H_2PO_4)_2 \cdot H_2O$ 在水溶液中呈酸性,也是最易溶解的磷酸钙盐,只有当 pH 小于 2 时存在,且当温度高于 100℃ 时脱水。当 pH=2.0~6.0 时,$CaHPO_4 \cdot 2H_2O$ 可以稳定存在,高于 80℃ 失去水生成 $CaHPO_4$。当组织发生异常矿化时,组织中会出现 $CaHPO_4 \cdot 2H_2O$,这也是骨矿物形成过程中的过渡相。在医学上,$CaHPO_4 \cdot 2H_2O$ 作为骨水泥修复骨或龋齿缺损。$Ca_{10}(PO_4)_6(OH)_2$ 是磷酸钙盐系中最稳定和最难溶解的物质。$Ca(H_2PO_4)_2 \cdot H_2O$ 或 $CaHPO_4 \cdot 2H_2O$ 在强碱环境中经过脱除质子和重排晶格,最终形成 $Ca_{10}(PO_4)_6(OH)_2$,因此在碱性环境中,磷酸钙盐都倾向逐渐转化为羟基磷灰石。从表 1-2 中发现,$n_{Ca} : n_P$ 值越高,磷酸钙盐晶体密度越大,同时溶解度也越小。

表 1-2 磷酸钙盐的参数表

化合物	$n_{Ca}:n_P$	密度/(g·cm^{-3})	pK_{sp}(25℃)
$Ca(H_2PO_4)_2 \cdot H_2O$	0.5	2.23	1.14
$CaHPO_4 \cdot 2H_2O$	1.0	2.32	6.59
$\beta - Ca_3(PO_4)_2$	1.5	3.07	28.9
$Ca_{10}(PO_4)_6(OH)_2$	1.67	3.16	116.8

(2)羟基磷灰石力学性能:羟基磷灰石的弯曲强度和模量分别为 147 MPa 和 40~117 GPa,泊松比为 0.27,密度为 3.2 g/cm³。羟基磷灰石虽然强度和硬度都比较大,但也存在脆性大、难加工成特定的或不规则的形状的问题。

1.羟基磷灰石的生物活性

由于分子结构和钙磷比与正常骨的无机成分非常近似,羟基磷灰石具有优异的生物相容性。大量的体外和体内实验表明,羟基灰石在与成骨细胞共同培养时,其表面有成骨细胞聚集;植入骨缺损时,骨组织与羟基磷灰石之间无纤维组织界面,植入体内后表面类骨磷灰石形成。许多研究表明,羟基磷灰石植入骨缺损区有较好的修复效果,这是因为羟基磷灰石以固体或离子状态广泛存在人体内,并动态参与骨组织吸收与重建以及钙离子和磷离子代谢过程。因此,羟基磷灰石被广泛用作骨科或上颌面手术中修复骨缺损的人骨材料。

2.羟基磷灰石和磷酸钙具有传导性和骨诱导性

骨传导性是指材料允许血管长入、细胞渗透和附着、软骨形成、组织沉积和钙化。现在普遍认为,多孔双相钙磷材料具有良好的骨传导性。体内、外研究表明,人类的成骨细胞可以通过内部连接通道扩散进入大孔,并在其中增殖。对孔径的要求是:成骨细胞渗透的内部连接通道最小直径为 20 μm,最有利于成骨细胞渗透的内部连接通道直径要大于 40 μm;而孔径在 150 μm 时,能为骨组织的长入提供理想场所。可见,材料内部连接通道在骨形成中起重要作用。

骨诱导性是指激发未定形细胞(比如间充质细胞)显型地转化成软骨或成骨细胞。钙磷生物材料表现出骨诱导现象,除了其自身的性能外,还与钙磷材料的多孔结构有关。多孔结构有利于骨形态发生蛋白的聚集,进而发生骨诱导性。由于羟基磷灰石具有优异生物相容性,更具有骨诱导和骨传导性,在牙科种植体和金属骨修复材料表面,羟基磷灰石涂层得到了广泛的应用。

3.羟基磷灰石的生物可降解性

羟基磷灰石在体内能发生溶解和生物降解,释放出钙离子和磷酸根离子,参与钙磷代谢,并在植入部位附近参与骨沉积和重建。羟基磷灰石发生降解是无生命材料向有生命的转化的必要条件,也是参与有生命组织过程的基础。材料降解有两种途径:一是通过体液降解;二是通过巨噬细胞的吞噬及其和破骨细胞的细胞外降解。戴红莲等选用放射性同位素 ^{45}Ca 作为示踪剂研究了磷酸钙盐在体内的代谢情况。研究指出,降解产生的一小部分钙离子可迅速进入血液中,通过血液循环分布到机体各脏器组织中进行代谢,并主要通过肝、肾从粪、尿中排泄。其余大部分的钙离子沉积于机体"钙库"(指骨组织中的稳定性钙),钙可以相对稳定地储存在骨组织中,以不溶性的骨矿盐形式存在,不参与钙的代谢,通过骨的塑建与重建进行钙循环。磷酸钙植入骨内后,巨噬细胞可向植入区聚集。因此巨噬细胞对陶瓷的降解发挥重要作用。体外实验证明,巨噬细胞与磷酸钙陶瓷混合培养后,培养液中的钙磷质量分数明显高于单纯度磷酸钙陶瓷浸泡于培养液中的质量分数。扫描电子显微镜观察发现,巨噬细胞伸出小的突起将材料颗粒包裹并吞噬到细胞内,进而与溶酶体融合,在多种水解酶作用下进行细胞内降解,在细胞内降解后产生的钙、磷可被转运到细胞外。

羟基磷灰石是天然骨的主要无机成分,在骨质中大约占 60%(质量分数)。它具有良好的生物活性和生物相容性,植入人体后能在短时间内与人体的软硬组织形成紧密结合,是一种性能非常优良的骨修复材料。20 世纪 50 年代以来,科学家对人工合成的羟基磷灰石进行了深入的研究,合成出了纯度很高的羟基磷灰石单晶。但是易碎、强度差和韧性差的缺点制约了羟基磷灰石的临床应用。

为了提高材料的力学性能以及加快新骨的形成速度,常常引入其他相物质,如此形成多种多样的羟基磷灰石复合材料。根据目前羟基磷灰石复合骨替代材料中复合相的种类不同,羟基磷灰石复合材料可分为羟基磷灰石与金属复合;羟基磷灰石与有机生物材料,如合成有机高分子的复合;羟基磷灰石与天然生物材料,如蛋白质(骨形成蛋白、胶原、纤维蛋白黏合剂)、活体材料(红骨髓、成骨细胞)等的复合。

20 世纪 70 年代以来,世界进入新技术革命时代,人们开始有目的、有组织地探索、发展和应用各种形态和功能兼备的生物材料。聚合物一般没有生物活性,强度低,难以应用到受力场合的骨替换,但其中不乏一些具有较好的韧性、弹性模量与人骨接近的聚合物。用作硬组织植入材料的聚合物主要是一些热塑性聚合物,根据其降解性的不同又可分为可生物降解和不可生物降解材料。不可生物降解的主要是一些工程塑料,有聚碳酸酯、聚甲醛、聚对苯二甲酸乙二醇酯、尼龙、聚甲基丙烯酸甲酯和聚醚醚酮等。这些材料具有良好的生物相容性,力学性能上有较高的强度和延展性。

将羟基磷灰石与聚合物复合,可以将二者的性能充分结合起来,取长补短,有望得到兼具力学性能和生物相容性的骨修复和重建材料。从目前研究来看,羟基磷灰石-聚合物骨替代生物复合材料可分为羟基磷灰石与天然生物材料复合以及羟基磷灰石与人工合成聚合物材料复合两大类。

1.4.2　羟基磷灰石-合成聚合物复合材料

1.聚乙烯类复合材料

聚乙烯与羟基磷灰石之间所形成的复合材料是目前研究得最广泛、最深入的骨修复复合材料之一,Bonfield 对这类复合材料的制备方法、机械力学性能及各种改进方法进行了详细的研究,指出复合材料中羟基磷灰石质量分数可达 45％左右,其弹性模量高达 9 GPa,拉伸强度达 100 MPa,与人骨接近。体外实验表明,羟基磷灰石-聚乙烯的初始人成骨细胞样细胞较早开始分化,羟基磷灰石颗粒提供了细胞附着的有利位置。对复合材料界面进行的研究表明,这类复合材料的主要问题在于聚乙烯为非极性聚合物,其与羟基磷灰石之间的结合较弱,相容性较差。聚乙烯类复合材料的加工一般使用挤出共混的方法,两相之间的界面结合较弱,复合材料的均一性较差,过高的无机材料质量分数会使复合材料的力学性能急剧下降。目前报道了许多改进羟基磷灰石-聚乙烯复合材料相容性的方法,而且许多学者对这类材料的应用、生物活性及其与生物体的结合等方面也做了大量的研究,这类材料是目前羟基磷灰石-聚合物复合材料中研究的热点之一。

2.聚乳酸类复合材料

聚乳酸是一种可降解的无毒聚合物,它具有良好的生物相容性,但缺乏与骨组织的结合能力,其力学性能及降解性能与相对分子质量密切相关。将聚乳酸与羟基磷灰石复合有助于提高材料的初始硬度和刚度,延缓材料早期降解速度,提高复合材料的骨结合能力和生物相容性,促进骨组织愈合和生长。由于聚乳酸在体内降解,复合材料在植入体内后,力学性能也将降低。因此,如何控制聚乳酸的降解速度,使复合材料自身强度的下降与新骨生长沉积的强度匹配,成为羟基磷灰石-聚乳酸复合材料研究中的关键问题之一。

3.其他聚合物类复合材料

目前,除对聚乙烯、聚乳酸为基体的羟基磷灰石-聚合物复合材料研究有了大量报道外,复合物中聚合物基体已扩大到聚丁酸酯、聚酯、聚酰胺、聚砜、聚醚-聚酯、聚酯-酸胺等。经过简单物理过程复合的材料包括羟基磷灰石-聚甲基丙烯酸甲酯、羟基磷灰石-聚醚醚酮、羟基磷灰石-聚羟基丁酸、硅磷酸钙玻璃陶瓷-聚脲烷、生物玻璃-高密度聚乙烯、A－W 玻璃陶瓷复合牙科黏结剂、甲基丙烯酸缩水甘油酯-三缩四乙二醇二甲基丙烯酸酯等,这些材料的力学性能都不同程度得以改善,并具有生物活性和骨结合能力。

1.4.3　羟基磷灰石-天然高分子复合材料

羟基磷灰石与天然生物材料的复合,一种类型是将胶原等物质与羟基磷灰石形成两相复合材料,以增强材料的生物活性;另一种类型是依据一些生物活性物质(如骨形态发生蛋白,Bone Morphogenetic Pratein,BMP)在体内能促进骨生长的原理,将羟基磷灰石与这些生物活性物质复合以提高材料的骨诱导性。

1.羟基磷灰石与胶原的复合

由于天然骨是一种蛋白质-羟基磷灰石复合材料,因此有关羟基磷灰石与胶原蛋白的复合材料研究最为广泛。天然复合材料中的胶原一般通过酸溶法或酶解法来获得,在复合骨替代材料中应用较多的是Ⅰ型胶原。羟基磷灰石-胶原复合材料的形成有两种方式:一是颗粒状羟基磷灰石与胶原在混合后压制成型,另一种是在胶原上生长晶体。Yunokis 等人向 $Ca(OH)_2$ 悬浊液中滴加胶原-磷酸混合液,经过冷冻干燥部分脱水,在 40℃,200MPa 的压力条件下生成羟基磷灰石与胶原质量比为 9∶1 的复合材料,所获得的复合材料抗压强度约 6.5 MPa,弹性模量约 2 GPa。Katthagen 认为,在这些复合物中,羟基磷灰石颗粒起中心支架的作用,胶原则促进肉芽组织的长入,并对成纤维细胞和成骨细胞起营养作用,对胶原的吸收能刺激成纤维细胞的增殖从而重建胶原纤维。与其他骨替代复合材料相比,羟基磷灰石-胶原复合物的生物相容性是很理想的,与骨组织可形成较理想的结合,但这种复合材料的不足是其力学性能仍然较低,不能满足复杂应力环境的要求。

  2.羟基磷灰石与天然活性高分子的复合

  天然活性高分子材料主要是指从动物组织中提取的,经过特殊化学处理并具有某些活性或特殊性能的物质。在肌肉和皮下植入去矿化骨基质能够诱发软骨和骨的形成,这表明骨基质中有控制骨形成和吸收的生长因子。1965 年 Urist 等在寻找骨形态发生蛋白时,首次从小牛骨中体取出在体内诱导新骨形成的骨蛋白初提物,并把它命名为骨形态发生蛋白。目前已分离纯化出 9 种骨形态发生蛋白,即 BMP1~BMP9。骨形态发生蛋白的作用是诱导间充质细胞向成软骨细胞和成骨细胞分化,其诱导性表现为体内软骨内骨的形成:首先是诱导软骨形成,随后发生矿化并被矿化骨代替。

  近年来,有研究者用羟基磷灰石作载体得到羟基磷灰石-骨形态发生蛋白复合材料,经动物试验表明,其骨诱导活性高于颗粒状、块状羟基磷灰石和羟基磷灰石-胶原复合物。在羟基磷灰石-骨形态发生蛋白复合材料中,骨形态发生蛋白呈网状分布在羟基磷灰石的孔壁上,当孔隙直径为 90~200 μm 时,复合材料的诱导成骨作用最好。随着基因重组骨形态蛋白的开发成功,高活性的人类基因重组骨形态蛋白(rh-BMP)与羟基磷灰石类生物材料复合将具有广阔的开发前景。

1.5 纤维增强体在生物复合材料中的应用

  发展以生物材料为基础的人工骨材料是治疗骨缺损的重要手段之一。理想的骨修复材料,应当具有优良的生物相容性和生物活性,与自然骨相匹配的良好的机械力学性能。从诞生以来,聚甲基丙烯酸甲酯就作为医用材料使用,主要用于骨骼的替代或修复。近年来,由于聚甲基丙烯酸甲酯操作简单,生物相容性优良,成本低廉,被广泛应用于临床。但作为骨组织支撑材料,其力学性能很难满足要求,而且在骨-水泥界面易形成纤维组织,既不能被吸收,也不利于骨的长入。因此,研究者对聚甲基丙烯酸甲酯生物材料进行了大量的改性研究,如采用羟基磷灰石、生物活性陶瓷或自然骨粉等颗粒来增强聚甲基丙烯酸甲酯复合材料,所制备的复合材料具有很好的生物相容性和生物活性,但其力学强度很难达到要求。

  1928 年德国首先合成聚甲基丙烯酸甲酯,1930 年发现该材料的单体与聚合体在室温下能自行固化,成为牙科材料(牙托粉和牙托水)用于口腔科。1946 年,法国的 Judet 兄弟首次用牙托粉与牙托水做成人工股骨头。1968 年,Hodosh 提出在聚甲基丙烯酸甲酯骨水泥中加入无机质以提高骨水泥强度。20 世纪 70 年代后期,美国、英国、西德、瑞士、日本等国的化学、生物医学工程和生物力学领域的学者们及矫形外科的医生们对用与不用骨水泥施行人工关节置换术做了大量的动物实验及临床应用研究工作,不少学者报道使用骨水泥比不用骨水泥优越。在我国,1957 年,范国声教授首次用进口聚甲基丙烯酸甲酯做成了 Judet 型人工股骨头。1975 年卢世璧等与天津合成材料工业研究所的童衍传等协作合成国产聚甲基丙烯酸甲酯骨水泥,定名为 TJ 黏合剂,填补了国内空白,对我国骨水泥材料的研究与发展以及开展人工关节置换术起到了积极的作用。

在多年的临床使用过程中,作为骨填充剂和固定假体的单纯丙烯酸酯类骨水泥出现了许多不足,主要体现为聚合过程中产生热量,使植入部位附近温度升高,将周围的活组织细胞杀死,残留单体易引起骨坏死;同时,由于材料的生物相容性差,在骨与水泥界面易形成纤维组织,影响其与骨组织牢固结合,导致松动和下沉问题日趋突出;而且用于骨替代材料时,存在明显的力学强度不高和弹性模量不足等问题。为此,人们研究了多种聚甲基丙烯酸甲酯基生物复合材料。

为了改善聚甲基丙烯酸甲酯骨水泥的生物相容性,国内外研究主要集中于采用具有骨诱导性的羟基磷灰石来改性聚甲基丙烯酸甲酯基树脂。Harper E. J. 等在聚甲基丙烯酸甲酯中加入 Ceravital 粒子或羟基磷灰石,生物活性骨水泥未获得高力学性能,当羟基磷灰石的质量分数超过 20%时,其力学性能下降。Mousa W. F. 等将硅烷化的磷灰石-灰硅石玻璃陶瓷(AW - GC)粉体与高相对分子质量聚甲基丙烯酸甲酯粉体混合作为固相(前者占总 70%),以甲基丙烯酸甲酯(Methyl Methacrylate,MMA)为液相制备生物活性骨水泥,材料的力学性能有所改善;在鼠胫骨缺损试验中,8 周后骨水泥与骨之间形成骨结合,表现出良好的骨传导性。Dalby M. J. 等将制备好的羟基磷灰石-聚甲基丙烯酸甲酯复合材料,进行类人体造骨细胞体外试验,研究发现,骨细胞最先在羟基磷灰石表面繁殖生长,说明用羟基磷灰石改性骨水泥,比单一的聚甲基丙烯酸甲酯骨水泥具有更好的生物活性和市场应用前景。Serbetci K. 等采用纳米羟基磷灰石改性聚甲基丙烯酸甲酯骨水泥,研究发现复合材料的压缩强度和疲劳强度均获得一定改善;聚合过程中产生的热量有所降低;而且经体外试验,证明该复合材料具有较好的生物相容性。Basgorenay B. 等将不同比例的硝酸铵和羟基磷灰石加入骨水泥中,主要研究其力学性能和聚合热。发现复合材料的聚合热较单一丙烯酸酯均有降低;随着羟基磷灰石质量分数的增加,复合材料的压缩强度呈线性增加,但拉伸强度有所降低。Krebs J. 等将单一丙烯酸酯骨水泥和采用羟基磷灰石改性后的聚甲基丙烯酸甲酯骨水泥,以栓塞的形式分别植入绵羊体内,进行动物毒性试验,对比这两种材料对山羊肺部动脉压力的影响,结果发现它们对绵羊肺部动脉压力的影响不明显。Daglilar S. 等将硅烷改性后的羟基磷灰石加入到甲基丙烯酸甲酯进行原位聚合获得复合材料,主要研究处理后的羟基磷灰石的不同质量分数对聚甲基丙烯酸甲酯骨水泥的吸水性的影响。国内最近几年对于这方面的研究比较集中,主要有浙江大学翁文剑教授课题组、武汉理工大学闫玉华教授课题组和天津大学王玉林教授课题组。总之,采用羟基磷灰石、生物活性陶瓷或自然骨粉等颗粒来增强聚甲基丙烯酸甲酯聚合物,所制备的聚甲基丙烯酸甲酯基复合材料具有很好的生物相容性和生物活性,但其强度很难达到要求。

对于提高羟基磷灰石等生物活性颗粒增强聚甲基丙烯酸甲酯复合材料的力学性能,

采用纤维增强是一种很有效的方法。纤维增强聚合物基生物复合材料是以聚合物为基体（连续相）、纤维为增强材料（分散相）组成的复合材料。纤维材料的强度和模量一般比基体材料高得多，使它成为主要的承载体。但是必须有一种黏结性能好的基体材料把纤维牢固地黏结起来。同时，基体材料又能起到使外加载荷均匀分布，并传递给纤维的作用。通过对国内外研究文献的检索发现，目前用纤维增强羟基磷灰石-聚甲基丙烯酸甲酯复合材料的研究报道很少。最具代表性的有，万涛等在医用高分子聚甲基丙烯酸甲酯中添加5％羟基磷灰石微粉组成复合基体再与玻璃纤维（G_f）组成复合材料，通过对玻璃纤维表面进行偶联处理，可加强不同材料间界面的黏结，使复合材料的冲击韧性提高，且吸水率低，性能稳定。玻璃纤维/聚甲基丙烯酸甲酯-羟基磷灰石复合材料具有良好的生物相容性、力学强度，成形加工简单，在一定温度下，可根据临床需要随意裁剪加工，是骨外科修复临床应用中一种较理想的新型骨替代或修补材料。朱晏军等在此基础上将碳纤维（C_f）和玻璃纤维混杂增强聚甲基丙烯酸甲酯-羟基磷灰石制成复合材料人工颅骨。通过实验，证实了碳纤维/玻璃纤维混杂增强聚甲基丙烯酸甲酯-羟基磷灰石复合材料人工颅骨的拉伸强度、压缩强度及其抗冲击性能均优于单纯玻璃/聚甲基丙烯酸甲酯-羟基磷灰石复合材料人工颅骨，更优于人体颅骨。纤维混杂增强聚甲基丙烯酸甲酯-羟基磷灰石复合材料人工颅骨的密度大大低于人体颅骨，也低于单纯玻璃纤维/聚甲基丙烯酸甲酯-羟基磷灰石复合材料人工颅骨，这样就不至于压迫患者的大脑，这对患者来说非常重要。但由于连续纤维增强材料各向异性，在纤维方向具有很高的强度和模量，在垂直于纤维方向，常发生横向开裂和脱层问题，所制备的复合材料仅可用于颅骨等宽骨的替代，而不适用于长、短骨等不规则骨的修复和替代。

虽然近一个世纪以来，国内外学者对聚甲基丙烯酸甲酯-羟基磷灰石复合材料类骨水泥进行了大量的改性研究，也取得大量突破性成效，但到目前为止仍存在力学强度及弹性模量不高、生物相容性有待进一步改进等问题，而且对于长骨干的大块骨缺损、骨肿瘤大块切除或关节切除后的重建或修复，临床处理仍然很不理想，这在医学领域还是一大难题。

参 考 文 献

[1] 俞耀庭,张兴栋.生物医用材料[M].天津:天津大学出版社,2000:1-2.
[2] 阮建明,邹俭鹏,黄伯云.生物材料学[M].北京:科学出版社,2004:1.
[3] 蒋电明.生物活性骨修复材料[J].科学中国人,2004(11):44-46.
[4] 徐君伍.口腔修复学[M].北京:人民卫生出版社,1994:219.
[5] 李世普,陈晓明.生物陶瓷[M].武汉:武汉工业大学出版社,1989:2.
[6] 王洪复.骨的结构功能及转换[J].实用妇产科杂志,1999,5(11):227-229.
[7] 钱梓文.人体解剖生理学[M].北京:人民卫生出版社,1992:30-31.
[8] 安靓,李进.组织学与胚胎学[M].北京:科学出版社,2004:45-47.
[9] 佘永华,肖洪文.系统解剖学[M].成都:四川大学出版社,2004:9-12.

[10] 庄荣彬,徐莉萍.组织学[M].台北:合记图书出版社,1998:147-186.

[11] 成令忠.组织学与胚胎学[M].北京:人民卫生出版社,1999:40-53.

[12] 上海第一人民医院.组织学[M].北京:人民卫生出版社,1981:237-261.

[13] JOON B P, RODERIC S L. Biomateriats: An Introduction[M]. New York: Plenum Press, 1992:46-49.

[14] BORSATO K S, SASAKI N. Measurement of partition of stress between mineral and collagen phases in bone using X-ray diffraction techniques[J]. Journal of Biomechanics, 1997, 30(9):955.

[15] KNOTT L, BAILEY A J. Collagen cross-links in mineralizing tissues: a review of their chemistry, function, and clinical relevance[J]. Bone, 1998, 22(3):181-187.

[16] AIGNER T, STÖVE J. Collagens-major component of the physiological cartilage matrix, major target of cartilage degeneration, major tool in cartilage repair[J]. Advanced Drug Delivery Reviews, 2003, 55(12):1569.

[17] KLEMENT B J, YOUNG Q M, GEORGE B J, et al. Skeletal tissue growth, differentiation and mineralization in the NASA rotating wall vessel[J]. Bone, 2004, 34(3):487.

[18] CUI F Z, ZHANG Y, WEN H B, et al. Microstructural evolution in external callus of human long bone[J]. Materials Science & Engineering, 2000, 11(1):27-33.

[19] CUI F Z, WEN H B, ZHANG H B, et al. Nanophase hydroxyapatite-like crystallites in natural ivory[J]. Journal of Materials Science Letters, 1994, 13(14):1042-1044.

[20] HELLMICH C, ULM F J. Are mineralized tissues open crystal foams reinforced by crosslinked collagen-some energy arguments[J]. Journal of Biomechanics, 2002, 35(9):1199.

[21] REILLY D T, BURSTEIN A H. The elastic and ultimate properties of compact bone tissue[J]. Journal of Biomechanics, 1975, 8(6):393-405.

[22] 顾志华,高瑞亭.骨伤生物力学基础[M].天津:天津大学出版社,1990:20-23.

[23] KENLEY R A, YIM K, ABRAMS J, et al. Biotechnology and bone graft substitutes[J]. Pharmaceutical Research, 1993, 10(10):1393-1401.

[24] 李玉宝.生物医学材料[M].北京:化学工业出版社,2003:16-18.

[25] 崔福斋,冯庆玲.生物材料学[M].北京:科学出版社,1996:126-132.

[26] DUCHEYNE P, QIU Q. Bioactive ceramics: the effect of surface reactivity on bone formation and bone cell function [J]. Biomaterials, 1999, 20(24):2287-2303.

[27] 师昌绪.跨世纪材料科学技术的若干热点问题[J].自然科学进展,1999,9

(1):25 - 28.

[28] 陈贻瑞,王建. 基础材料与新材料[M].天津:天津大学出版社,1999:47.

[29] 于思荣.生物医学钛合金的研究现状及发展趋势[J].材料科学与工程,2000,18
(2):131 - 134.

[30] 于思荣.金属系牙科材料的应用现状及部分元素的毒副作用[J].金属功能材料,
2000,7(1):1 - 6.

[31] 陈治清. 口腔材料学[M].北京:人民卫生出版社,1997.

[32] PEPPAS N A, Langer R. New Challenges in Biomaterials[J]. Science, 1994,
263(5154):1715 - 1720.

[33] YANG C Y, WANG B C, Chang W J, et al. Mechanical and histological
evaluations of cobalt - chromium alloy and hydroxyapatite plasma - sprayed
coatings in bone[J]. Journal of Materials Science Materials in Medicine, 1996, 7
(3):167 - 174.

[34] HENCH L L, POLAK J M. Third - generation biomedical materials[J].
Science, 2002, 295(5557):1014 - 1017.

[35] LI H, CHEN Y, XIE Y. Photo - crosslinking polymerization to prepare
polyanhydride/needle - like hydroxyapatite biodegradable nanocomposite for
orthopedic application[J]. Materials Letters, 2003, 57(19):2848 - 2854.

[36] SONG J, SAIZ E, BERTOZZI C R. A new approach to mineralization of
biocompatible hydrogel scaffolds: an efficient process toward 3 - dimensional
bonelike composites[J]. Journal of the American Chemical Society, 2003, 125
(5):1236 - 1243.

[37] 《材料科学技术百科全书》编辑委员会.材料科学技术百科全书[M].北京:中国大
百科全书出版社,1995:919 - 928.

[38] MIKOS A G, SARAKINOS G, LEITE S M, et al. Laminated three -
dimensional biodegradable foams for use in tissue engineering[J]. Biomaterials,
1993, 14(5):323 - 330.

[39] WAKE M C, JR P C, MIKOS A G. Pore morphology effects on the
fibrovascular tissue growth in porous polymer substrates [J]. Cell
Transplantation, 1994, 3(4):339.

[40] LANZA R T, LANGER R. Principles of Tissue Engineering[M]. Salt Lake
City: Academic Press, 1996:263.

[41] MURUGAN R, RAMAKRISHNA, S. Bioresorbable composite bone paste
using polysaccharide based nano hydroxyapatite [J]. Biomaterials, 2004,
25:3829 - 3835.

[42] LI Z, YUBAO L, AIPING Y, et al. Preparation and in vitro investigation of
chitosan/nano - hydroxyapatite composite used as bone substitute materials[J].

Journal of Materials Science Materials in Medicine, 2005, 16(3):213 – 219.

[43] ONG J L, CHAN D C. Hydroxyapatite and their use as coatings in dental implants: a review[J]. Critical Reviews in Biomedical Engineering, 2000, 28(5 – 6):667.

[44] 戴红莲,李世普,闫玉华.生物陶瓷骨内植入后与组织间的界面研究[J].材料研究学报,2003,31:1161 – 1165.

[45] BONFIELD W, GRYNPAS M D, TULLY A E, et al. Hydroxyapatite reinforced polyethylene — a mechanically compatible implant material for bone replacement[J]. Biomaterials, 1981, 2(3):185 – 186.

[46] BONFIELD W. Composites for bone replacement[J]. Journal of Biomedical Engineering, 1988, 33(5):109 – 112.

[47] GUILD F J, BONFIELD W. Predictive modelling of hydroxyapatite – polyethylene composite[J]. Biomaterials, 1993, 14(13):985 – 993.

[48] KESENCI K, FAMBRI L, MIGLIARESI C, et al. Preparation and properties of poly(L – lactide)/hydroxyapatite composites[J]. Journal of Biomaterials Science Polymer Edition, 2000, 11(6):617.

[49] IGNJATOVIC N L, PLAVSIC M, MILJKOVIC M S, et al. Microstructural characteristics of calcium hydroxyapatite/poly – L – lactide based composites[J]. Journal of Microscopy, 1999, 196(2):243 – 248.

[50] KIM S B, KIM Y J, YOON T L, et al. The characteristics of a hydroxyapatite – chitosan – PMMA bone cement[J]. Biomaterials, 2004, 25(26):5715 – 5723.

[51] YAN Y, LI Y, ZHENG Y, et al. Synthesis and properties of a copolymer of poly(1,4 – phenylene sulfide) – poly(2,4 – phenylene sulfide acid) and its nano – apatite reinforced composite [J]. European Polymer Journal, 2003, 39 (2):411 – 416.

[52] YUNOKI S, LKOMA T, MONKAWA A, et al. Evaluation of Pore Architecture in Hydroxyapatite/Collagen Scaffold Using Microcomputed Tomography[J]. key Engineering Materials 2006, 309 – 311:1091 – 1094.

[53] KATTHAGEN B D, MITTELMEIER H. Experimental animal investigation of bone regeneration with collagen apatite[J]. 1984, 103(5):291 – 302.

[54] YAYLAOLU M B, KORKUSUZ P, ORS U, et al. Development of a calcium phosphate – gelatin composite as a bone substitute and its use in drug release[J]. Biomaterials, 1999, 20(8):711.

[55] 沈序辉,宋晨路.有机-羟基磷灰石复合骨替代材料[J].材料科学与工程,1999, 17(4):85 – 90.

[56] 徐立新,史雪婷,石宗利.从生物陶瓷到生物活性骨水泥[J].中国临床康复,2005,9 (42):115 – 117.

[57] SHINZATO S, NAKAMURA T, KOKUBO T, et al. Bioactive bone cement: Effect of silane treatment on mechanical properties and osteoconductivity[J]. Journal of Biomedical Materials Research Part B Applied Biomaterials, 2001, 56 (3):452.

[58] 吴其胜. 纳米羟基磷灰石改性聚甲基丙烯酸甲酯骨水泥力学性能的研究[J]. 材料科学与工程学报,2005,23(6):863-866.

[59] HARPER E J. Bioactive bone cements[J]. Proceedings of the Institution of Mechanical Engineers Part H, 1998, 212(2):113.

[60] MOUSA W F, KOBAYASHI M, SHINZATO S, et al. Biological and mechanical properties of PMMA - based bioactive bone cements [J]. Biomaterials, 2000, 21(21):2137.

[61] DALBY M J, DI S L, HARPER E J, et al. Increasing hydroxyapatite incorporation into poly (methylmethacrylate) cement increases osteoblast adhesion and response[J]. Biomaterials, 2002, 23(2):569-576.

[62] SERBETCI K, KORKUSUZ F, HASIRCI N. Thermal and mechanical properties of hydroxyapatite impregnated acrylic bone cements[J]. Polymer Testing, 2004, 23(2):145-155.

[63] BASGORENAY B, ULUBAYRAM K, SERBETCI K, et al. Preparation, modification, and characterization of acrylic cements[J]. Journal of Applied Polymer Science, 2006, 99(6):3631-3637.

[64] KREBS J, AEBLI N, GOSS B G, et al. Cardiovascular changes after pulmonary cement embolism: an experimental study in sheep[J]. Ajnr American Journal of Neuroradiology, 2007, 28(6):1046.

[65] DAGLILAR S, ERKAN M E, GUNDUZ O, et al. Water resistance of bone - cements reinforced with bioceramics[J]. Materials Letters, 2007, 61(11-12): 2295-2298.

[66] 方丽茹,翁文剑. 羟基磷灰石/聚甲基丙烯酸甲酯复合生物材料的制备及性能研究[D]. 杭州:浙江大学,2003.

[67] 朱晏军,闫玉华. 无机纤维增强聚甲基丙烯酸甲酯/羟基磷灰石人工颅骨复合材料的研究及应用[D]. 武汉:武汉理工大学,2004.

[68] 李建,王玉林,万怡灶,等. 纳米羟基磷灰石及其生物复合材料的研究[D]. 天津:天津大学,2005.

[69] 万涛,闫玉华,陈波,等. 聚甲基丙烯酸甲酯/羟基磷灰石-GF 复合材料[J]. 中国有色金属学报,2002,12(5):935-939.

[70] 朱晏军,王玮竹,陈晓明,等. 颅骨修复复合材料的制备[J]. 化工新型材料,2003,31 (8):30-31.

第2章
纤维增强羟基磷灰石-聚合物复合材料的制备工艺及表征方法

2.1 纤维增强羟基磷灰石-聚合物复合材料的制备工艺

羟基磷灰石烧结体的强度和弹性模量都比较高,但断裂韧性低,仅为钛合金的1/70～1/40;在生理环境中抗疲劳强度差,韦布尔系数仅为12,而且随烧结条件的不同,力学性能波动很大,烧结后的加工过程也可能引起力学性能大幅度的降低。因此,最初主要是利用它的生物活性,将它用于一些受力不大的部位,如用注浆成型法将羟基磷灰石制成多孔颌面骨材料,用于鼻骨、颌骨、锁骨等部位的整形手术。为了提高羟基磷灰石材料的力学性能,加快新骨的形成速度,常引入其他相物质来改善其性能。根据羟基磷灰石自身结构和具有的生物特性,人们将羟基磷灰石和其他材料复合。对用于骨替代的生物医用复合材料而言,由于自然骨是由纳米羟基磷灰石和胶原组成的天然复合材料,因而羟基磷灰石-聚合物复合生物材料已成为当前硬组织修复材料研究的重点和发展方向之一。目前制备纤维增强羟基磷灰石-聚合物复合材料的方法可分为以下几种。

2.1.1 共混法

Shikinami等采用一种新的共混及精加工工艺将羟基磷灰石均匀分散于聚L-乳酸基体中制备了超高强度生物可吸收羟基磷灰石-聚L-乳酸复合材料。该复合材料具有良好的生物相容性、可吸收性、生物活性和骨结合能力。研究表明,使用纳米羟基磷灰石粒子复合,有利于提高羟基磷灰石与聚合物基体间的结合能力,这是近来的一个新动向。王科等按共混法制备不同比例的用于外科软组织填充的羟基磷灰石-硅橡胶复合材料。实验表明,随着硅橡胶内羟基磷灰石质量分数的增加,硅橡胶的硬度逐渐提高,各项机械性能逐渐下降,当羟基磷灰石比例为30%～50%时,机械性能与纯硅橡胶相当,可以进入下一步生物学检测。赵俊亮等用硅烷偶联剂表面改性后的羟基磷灰石粉末与环氧树脂共混制备了羟基磷灰石-环氧复合材料。结果表明,硅烷偶联剂使羟基磷灰石在环氧树脂中的分散性明显改善。羟基磷灰石质量分数为40%的复合材料具有良好的体外生物活性和生物相容性,并且其弯曲模量与生物骨接近,但强度低于生物骨,需要通过其他方式进行增强。许凤兰等通过共混法首次将纳米羟基磷灰石晶体与聚乙烯醇溶液复合,制备了一系列纳米羟基磷灰石-聚乙烯醇复合水凝胶材料。结果表明,所制备的复合水凝胶材料组成均一,各相比例易于调控,是一种很有前景的生物医用复合材料。罗庆平等采用磷酸单酯偶联剂对羟基磷灰石进行表面改性处理,通过熔融共混复合等工艺制备了改性羟基磷灰石-高密度聚乙烯复合人工骨材料。研究表明,所制备的改性羟基磷灰石-高密度聚乙烯复合材料比未改性羟基磷灰石-高密度聚乙烯具有更好的流变性能和机械力学性能,组成均一,具有良好的热稳定性。随着羟基磷灰石质量分数的增加,复合材料的抗压强度、弯曲模量有大幅度提高。当羟基磷灰石质量分数增至 40% 时,其抗弯强度为 34.09 MPa,与基体材料的抗弯强度 24.53 MPa 相比,增加了将近 40%,而此时的弯曲模量几乎是基体高聚物的 2 倍。通过控制复合材料中改性羟基磷灰石及高密度聚乙烯配比,可制备出机械力学性能优良的复合人工骨材料。

2.1.2　原位聚合法

全在萍等将羟基磷灰石与 DL-丙交酯按一定比例混合,在辛酸亚锡引发下开环聚合得到羟基磷灰石微粒填充的聚 DL-丙交酯-羟基磷灰石复合材料。研究结果表明,羟基磷灰石质量分数为 30% 时,复合材料的弯曲强度达 90 MPa,剪切强度为 72 MPa,弯曲模量为 69 GPa,均高于其他体系。羟基磷灰石的引入不仅提高了材料的初始力学强度,而且还延缓了聚 DL-丙交酯的降解速度。陈学思以羟基磷灰石上的羟基(—OH),在辛酸亚锡引发下使 L-丙交酯开环聚合制备了聚 L-丙交酯/g-羟基磷灰石和聚 L-丙交酯/g-羟基磷灰石复合生物材料。研究表明,当羟基磷灰石质量分数较低时,聚 L-丙交酯/g-羟基磷灰石复合材料比聚 L-丙交酯呈现出较高的拉伸强度、弯曲强度和冲击强度。蔡卫全等通过原位聚合法,将粒径为 0.1~5 μm 的羟基磷灰石分散于聚醚醚酮前驱体中,制备出羟基磷灰石-聚醚醚酮复合材料,对其结构表征之后发现,羟基磷灰石的加入对基体聚醚醚酮的聚合过程有一定的影响;同时,羟基磷灰石颗粒在基体之中有着优异的分散性。将聚醚醚酮、羟基磷灰石-聚醚醚酮复合材料压模成型,通过拉伸试验和硬度测量检测材料的力学性能。结果表明,羟基磷灰石的加入对复合材料的力学性能产生较大的影响。

2.1.3　原位生成法

李保强用原位复合法制备了高性能的壳聚糖-羟基磷灰石纳米复合材料。研究表明,用原位复合法制备的材料具有层状结构,羟基磷灰石-壳聚糖(质量比为 100∶5)纳米复合材料弯曲强度高达 86 MPa,比松质骨的高 3~4 倍,相当于密质骨的 1/2,有望用于可承重部位的组织修复材料。郑裕东等采用溶胶-凝胶原位复合的方法制备了聚乙烯醇-羟基磷灰石生物活性复合水凝胶。结果表明,在聚乙烯醇水凝胶中可形成具有生物活性的羟基磷灰石结晶结构,且分散良好;分布均匀的羟基磷灰石粉体作为异相成核剂,促进了聚乙烯醇水凝胶基体的结晶,提高了复合水凝胶的力学性能。王迎军等研究了制备聚乙烯醇-羟基磷灰石复合水凝胶的沉淀法原位复合技术,对该法制备的复合水凝胶的力学强度、结晶性能和微观形貌进行了分析。结果表明,沉淀法原位复合技术可在聚乙烯醇水凝胶基体中合成得到粒度细、分散性好的、晶相羟基磷灰石陶瓷微粒,复合后水凝胶的结晶度和拉伸强度比之基体试样均有大幅度提高,最高可由未复合前的 1.53 MPa 增加到复合后的 2.45 MPa,增加幅度可达 60%。张彩云等通过原位生成法制备了羟基磷灰石-聚乳酸纳米复合材料。并利用在模拟体液中的浸泡实验评价了该材料的生物学性能。结果表明,模拟体液的 pH 会随着羟基磷灰石-聚乳酸纳米复合材料的浸泡过程而下降,羟基磷灰石的存在可以中和聚乳酸的酸性;复合材料表面有蚕茧状类骨磷灰石颗粒和夹有短棒状晶体的片状晶体簇生成。该复合材料具有良好的生物相容性和可降解性,植入体内可引导新骨的生成,加快骨缺损的修复和重建过程。

2.1.4 共沉淀法

张利等通过共沉淀法制备了不同比例的纳米羟基磷灰石-壳聚糖复合骨修复材料。研究表明,复合材料中的羟基磷灰石均匀分散于有机相壳聚糖中,复合材料中两相间发生了相互作用,且复合材料的力学性能较之两种单组分材料有明显的改善,当纳米羟基磷灰石和壳聚糖质量比为 70∶30 时,复合材料的抗压强度最高,达 120 MPa 左右,可满足骨组织修复与替代材料的要求。李玉宝等将纳米羟基磷灰石浆料加入二甲基乙酰胺中充分分散,脱水后,再加入聚酰胺-66 在 120～140℃复合,使纳米羟基磷灰石晶体均匀分布于聚合物基体中反应完成后,用去离子水多次洗涤,干燥后得到聚酰胺-纳米羟基磷灰石仿生复合材料。该复合材料克服了羟基磷灰石脆性大、强度差、不易成型等缺点,在提高材料的力学性能的同时,也提高了纳米羟基磷灰石在复合材料中的质量分数,从而保持了材料良好的生物相容性和生物活性。该复合材料具有以下优点:纳米羟基磷灰石在聚合物中质量分数高于其他同类产品,因而具有较高的生物活性;纳米羟基磷灰石在复合材料中分布均匀。卢神州等用氢氧化钙与磷酸湿法合成羟基磷灰石,加入丝素蛋白以诱导羟基磷灰石晶体的定向生长,以仿生的方法得到优异的骨诱导性能和可降解性能的羟基磷灰石-丝素蛋白纳米复合颗粒。吴芳等采用共沉淀法制备了纳米羟基磷灰石-壳聚糖-海藻酸钠三元复合材料。他们对其进行表征后发现,纳米羟基磷灰石在有机相中分散均匀,并与有机相发生了相互作用,界面结合牢固;复合材料中的纳米羟基磷灰石呈弱结晶状态,与人体骨相似,有较高生物活性。壳聚糖-海藻酸钠有机相可对纳米羟基磷灰石材料起到增强增韧的作用。海藻酸钠可与羟基磷灰石及壳聚糖同时发生作用,使相界面结合更加牢固,由此提升材料的性能。

2.1.5 电化学沉积法

陈际达等研究了用在脱钙骨基质内原位沉积纳米羟基磷灰石的电化学方法,制备了纳米羟基磷灰石-胶原复合材料,并探讨出其适宜的电解沉积条件。结果表明,电化学方法制备的纳米羟基磷灰石-胶原复合材料,其无机成分质量分数为 53.9%±3.2%,并且无机相的组成、分布、性质与自然骨非常一致,是纳米复合材料。王英波等采用脉冲电化学沉积法在钛金属表面制备出羟基磷灰石-壳聚糖复合涂层,实现壳聚糖与羟基磷灰石在微观尺寸上的复合与杂化。比较了脉冲电位与恒电位模式下复合涂层的形成,研究了电位高低及壳聚糖质量分数对复合涂层性能的影响。结果表明,与恒电位模式比较,脉冲电位下制备的涂层较均匀、结晶性好、壳聚糖质量分数高,并且羟基磷灰石与壳聚糖杂化程度高。脉冲电位的高低影响涂层的结晶、形貌,电位为－1.3 V利于复合涂层的沉积。电解液中壳聚糖的浓度影响复合涂层的形貌及壳聚糖在复合涂层中的浓度,电解液中壳聚糖的浓度为0.33 g/L左右比较适合。抗菌检测表明复合涂层具有良好的抗菌性,成骨细胞的培养结果表明复合涂层具有良好的生物相容性。何剑鹏等用电化学沉积法在聚丙烯腈基碳纤维表面制备了羟基磷灰石涂层,研究了不同电流密度、沉积时间以及供电模式等工艺参数对涂层形貌结构的影响,探索羟基磷灰石的电化学沉积规律以控制羟基磷灰石形貌结构。研究发现,沉积电流和沉积电压对涂层的相组成和形貌结构有较大影响。在低电流密度下,涂层主要有针状晶粒组成;在高电流密度下,由棒状晶粒组成,增加沉积电流和沉积时间有利于改善涂层的微观结构和均匀性。

2.2　纤维的选取及预处理工艺

上述制备纤维增强羟基磷灰石-聚合物复合材料的方法各有优缺点,其中原位聚合技术是将增强纤维及纳米羟基磷灰石直接与聚合物单体混合,在外力作用下,单体发生聚合或共聚,直接将增强相包埋于聚合物基体中的制备方法。这种原位聚合可以有效解决机械共混等方法中,增强相分布不均以及分散相/增强相界面不稳定的缺点,是目前聚合物基复合材料的主要制备技术。原位聚合法制备纤维增强羟基磷灰石-聚合物复合材料一般包括纤维的选取、预处理、原位聚合及成型固化等步骤。其中在原位聚合阶段,由于所用单体以及增强体的不同,其工艺差别较大,但对于纤维的选取及预处理来说,则大同小异,一般包括以下几个步骤。

2.2.1　纤维的选取

对于纤维增强的复合材料来说,作为增强体的纤维对复合材料的性能起着决定性的作用,因此纤维的选取就显得尤为重要。目前,常用的纤维有玻璃纤维、氧化铝纤维、硼纤维、石棉纤维、碳纤维以及各种有机纤维。在这些纤维中应用的最为广泛的就是玻璃纤维。氧化锆纤维虽也具有较好的物化性能,但却未得到广泛使用。

2.2.2　常用纤维的性能与特点

1. 碳纤维

碳纤维是由碳元素组成的一种高性能增强纤维,其外观常呈黑色有光泽、柔软的细丝,单丝纤维直径为5~10 μm,一般以百根至一万根碳纤维组成的束丝供使用。碳纤维最高强度已经达到7 000 MPa,最高弹性模量达900 GPa,其密度为1.8~2.1 g/cm³,并具有低热膨胀、高导热、耐磨、耐高温等优异性。

2. 玻璃纤维

玻璃纤维是一种性能优异的无机非金属材料。它是以玻璃球或废旧玻璃为原料经高温熔制、拉丝、络纱、织布等工艺,最后形成各类产品。玻璃纤维单丝的直径从几微米到二十几微米,通常作为复合材料中的增强材料,电绝缘材料和绝热保温材料,电路基板等,因其具有拉伸强度高、弹性系数高、吸水性小、耐热性、与树脂接着性良好、价格便宜等优异性能,所以被广泛应用于国民经济各个领域。

2.2.3 纤维的预处理

当选择碳纤维为增强体时,需要对其进行预处理。碳纤维处理工艺如图2-1所示。

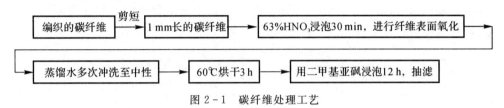

图2-1 碳纤维处理工艺

在本实验中,主要采用碳纤维作为增强体。在纤维处理方法的选择中,采用了液相氧化法中的浓HNO_3氧化法对纤维的表面进行了氧化改性。为了使其与基体很好结合、在二者之间形成很好的界面,我们对实验中所用到的碳纤维、玻璃纤维均做了相同的处理和分散。二者之间在实验细节上的差异,仅是纤维的直径和长度不同。玻璃纤维由于其自身为长纤维,在使用前我们首先将其加工为长度为1 mm的短纤维;碳纤维在使用前为纤维织布,在实验中由于操作上的缺陷,最终碳纤维被加工为1 mm长短不一的纤维。

(1)纤维处理:采用浓HNO_3对碳纤维的表面进行处理。首先,用浓HNO_3浸泡纤维约30 min,对其进行表面氧化;其次用蒸馏水冲洗纤维;再次将纤维在100℃下烘干3 h待用。经过表面改性后的碳纤维引入了大量的含氧基团,纤维对有机酸,无机酸聚合物的润湿度都有增加。

(2)纤维分散:由于原位合成方法为经过处理的原位杂化,乳化剂受到很大程度地限制,所以采用机械分散和表面改性分散两种方法相结合的方法。首先,准确取0.05 g碳纤维,并将其放入250 mL三口烧瓶中,加入30 mL去离子水,中速搅拌5 min;电压控制在50 V,加入0.1 g乳化剂继续搅拌,待溶液中充满细腻泡沫,高速搅拌10 min,电压控制在100 V。再次进行中速搅拌,加入几滴消泡剂磷酸三丁酯进行消泡,待溶液呈半透明乳白色状时,说明纤维已经分散完全,将溶液注入试管中静置。最后记录相同纤维沉淀量的时间,作不同质量分数乳化剂与沉积时间的关系。具体流程如图2-2所示。借助机械力将纤维团在水中打开;再向溶液中加入表面活性剂和分散剂,乳化、稳定,最终达到纤维分散的目的,效果尚佳。分散过程是由搅拌棒产生的剪切与湍流作用推动的。当搅拌速率一定时,随着分散剂质量分数的增加,聚合物粒径减小,所以搅拌速率和分散剂质量分数都要影响粒径交互作用。在悬浮聚合中,为了进一步降低表面张力,改善分散能力,提高保护力,更好地控制粒径的分布,往往要加入乳化剂,当质量分数很小时就有显著的效果。笔者认为,如果适当的控制乳化剂的质量分数,进而控制表面能的范围,则能实现纤维的很好分散,进而形成良好的产物。

图2-3为乳化剂质量分数与沉降时间关系图。从图2-3中看出,纤维的沉降时间

随着乳化剂的增大而延长,在质量分数较低范围内,乳化剂存在状态是溶解在水中,这样可以显著降低水的表面张力。随着质量分数的增加,笔者认为这时主要是乳化剂在纤维表面的定向吸附起主导作用;当加入量(质量分数)超过 0.2% 以后,增幅越来越小,有趋于平缓的趋势。根据文献可知乳化剂是乳浊液的稳定剂,是一类表面活性剂。乳化剂的作用是:当它分散在分散质的表面时,形成薄膜或双电层,可使分散相带有电荷,这样就能阻止分散相的小液滴互相凝结,使形成的乳浊液比较稳定。乳化剂在溶液中有乳化、润湿、分散、增溶、起泡、消泡等作用。它还能改善乳化体系中各种构成相互之间的表面张力,即改变润湿角的大小,使之形成均匀的分散体。

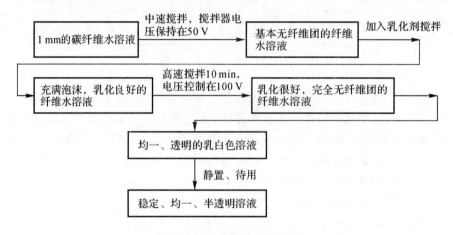

图 2-2　纤维分散工艺流程

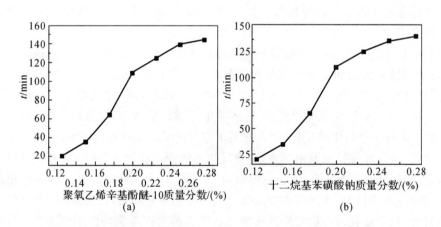

图 2-3　沉降时间随乳化剂加入量的变化

(a)乳化剂为聚氧乙烯辛基酚醚-10;　(b)乳化剂为十二烷基苯磺酸钠

乳化剂是一种表面活性剂,主要作用是降低界面张力,具备乳化作用的表面活性剂,在化学结构上一般都由极性基和非极性基构成,极性基易溶于水,具有亲水性质,故叫作亲水基。非极性基易溶于油,故叫作亲油基。在油-水体系中加入乳化剂后,亲水基溶于水中,亲油基溶于油中,这样就在油-水两相之间形成一层致密的界面膜,降低了界面张力,同时对液滴起保护作用。另一方面,由于吸附和摩擦等作用使得液滴带电,带电液滴在界面的两侧形成双电层结构,由于双电层的排斥作用使得液滴难以聚集,从而提高了乳化液的稳定性。聚氧乙烯辛基苯酚醚-10 的长链烷基是憎水的,而磺酸基是亲水性的,因此长链的憎水基会定向吸附在纤维表面,亲水基向外定向排列,由于亲水基带负电荷,导致纤维的表面也带负电荷,在库仑力的作用下使纤维伸展,并通过负电荷互相之间产生的斥力降低纤维相互碰撞的机会,从而达到增强纤维分散的目的。使纤维带上电荷的分散方法,效果非常显著,所以此时的增幅是最大的。

表达乳化剂的性能主要是用 HLB 值。HLB 值又叫亲水亲油平衡值,它是指表面活性剂的亲水基和亲油基之间在大小和力量上的平衡值。由于表面活性剂在实际生活中的不同用途,要求分子中的亲水部分和疏水部分有适当的比例。而大多数 HLB 值是由实验得到的,只有很少数可以算出来。对某一乳化剂来说,其 HLB 值是一定的。因此过量的乳化剂并不会增加纤维的分散性,这也解释了图 2-3 中乳化剂的质量分数超过 0.2%时,纤维沉降时间趋于稳定的原因。

2.3 纤维增强羟基磷灰石–聚合物复合材料的表征方法

纤维增强羟基磷灰石-聚合物复合材料的组成对性能有重要影响,对其组成以及界面结构研究、分析和表征方法有许多,其中主要有 X 射线衍射分析(X - Ray Diffraction,XRD)、扫描电子显微镜(Scanning Electron Microscope,SEM)、红外光谱(Infrared Spectroscopy,IR)、X 射线光电子能谱(X - ray Photoelectron Spectroscopy,XPS)及透射电子显微镜(Transmission Electron Microscope,TEM)。

2.3.1 结构形貌表征

1. X 射线衍射分析

当 X 射线射入晶体试样时,会产生向各个方向散射的 X 射线,其中只有符合布拉格方程 $2d\sin\theta = n\lambda$ 的方向上才能产生衍射。每种晶体都有自己特有的晶格结构,所以发生衍射的角度和强度各不相同,用记录仪记录样品发生衍射的角度和强度,即可绘出 X 射线图谱,结合 X 射线的标准 JCPDS 卡片,即可进行物相和结构分析。此外,根据 X 射线衍射峰的峰形及宽化程度可以测定多晶试样中晶粒大小、应力和应变,还可以根据晶面间距和晶体结构计算晶格常数。本书中所涉及的 XRD 测试条件为:CuKα 射线($\lambda = 0.154\ 18$ nm),管压 40 kV,管流 40 mA,狭缝 DS,RS 和 SS 分别为 1°,0.3 mm 和 1°,扫描速度为 0.02°/s。

晶粒的平均尺寸可以用 Scherrer 式计算:

$$D = \frac{0.9\lambda}{(\beta - \beta_0)\cos\theta} \tag{2-1}$$

式中　　D——结晶尺寸,即垂直于(hkl)晶面的平均晶粒大小;

　　　　λ——X射线波长,$\lambda = 0.154$ nm;

　　　　β——实测衍射峰的半高宽(rad),$\beta_0 = 0.28$;

　　　　θ——所选衍射峰衍射角度,即为布拉格角。

2. 扫描电子显微镜分析

扫描电子显微镜分析技术是将探测器收集的高能入射电子轰击样品表面激发产生的二次电子转换成电信号,经后续放大、调制,最终获得样品表面形貌。利用扫描电镜可以对复合材料的断面形貌、增强体纤维分布和孔隙率等进行分析。

3. 红外光谱分析

红外光谱分析通常用来对材料的基团以及其化学键进行分析鉴别。物质受到光辐照,引起分子或原子基团的振动,从而产生对光的吸收,而每个基团的光吸收频率都是特定的,对这些特定频率进行鉴别分析,便可以辨认分子中特定原子群的存在。材料的官能团或者化学键在不同化合物中所对应的红外光谱的谱带波数不同,而且由于同一基团在不同分子中拥有不同的化学环境,使得其特征波数会在小波段范围内发生幅度很小的变化,因而某化合物材料中官能团或者化学键的特征波数可以用于定性或者定量地鉴别化合物中的官能团或化学键情况。利用红外光谱可以测试羟基磷灰石和碳纤维表面改性前后的官能团以及复合材料的断面基团分布。

4. X射线光电子能谱分析

X射线光电子能谱分析经常被用来研究材料的分子结构和原子价态以及各种化合物的元素组成和含量、化学状态、化学键等方面的信息。X射线光电子能谱是在超高的真空环境下使用X射线照射待测材料,测量材料表面 $1 \sim 10$ nm 范围内逸出电子的动能和数量,从得到的 XPS 能谱图中特征峰的位置,可以判定材料中所含元素的种类和价态。

5. 透射电子显微镜分析

透射电子显微镜分析是利用电子枪发射出电子束经电场加速磁场聚焦后,投射到样品上,入射电子与试样中的原子相互作用,绝大部分电子穿透试样,在荧光屏上显示出与被测试样形貌、组织、结构相对应的图像,可获得有关材料的相组成、化学成分以及颗粒尺寸、晶面间距等微观信息。

2.3.2　力学性能测试

增强纤维与基体间的界面结合强度对复合材料的性能提升至关重要。纤维与基体间界面结合如果不紧密,纤维就不能很好地在基体中起到分散外力的作用,那么增强纤维的加入也就失去了意义。界面强度的测试是通过力学性能分析实现的。具体的力学测试方法将在下节介绍。

2.4 纤维增强羟基磷灰石–聚合物基生物复合材料的性能评价体系

根据纤维增强羟基磷灰石–聚合物基生物复合材料的应用需求特点,其性能评价体系主要由力学性能和生物安全性能两部分组成。

2.4.1 力学性能评价

首先,作为一种人工骨修复材料,纤维增强羟基磷灰石–聚合物基生物复合材料必须具有优异的力学性能,这些力学性能主要包括弯曲性能、拉伸性能和压缩性能。本书所涉及的力学性能测试均在台湾宝大国际仪器有限公司生产的 PT‐1036PC 型万能材料试验机上进行。试样在进行测试前,先用 180 目的砂纸对其进行打磨,待试样形状规则后,采用抛光机对试样表面进行抛光处理,然后在 60℃烘箱中烘 12 h,以消除水分对试样力学性能的影响。

1. 弯曲性能

弯曲试样的制备和性能测试均参照 GB/T 1449—2005 标准,载荷速度 5 mm/min,试样跨距 34 mm,采用三点弯曲法测试材料的弯曲强度(R_f)和弯曲模量(E_f),每组数据至少来自 5 个平行试验。

(1)弯曲强度:

$$\sigma_f = \frac{3Pl}{2bh^2} \tag{2-2}$$

式中　σ_f —— 弯曲强度(MPa);

　　　P —— 破坏载荷(N);

　　　l —— 两点间的跨距(mm);

　　　b —— 试样宽度(mm);

　　　h —— 试样厚度(mm)。

(2)弯曲弹性模量:

$$E_f = \frac{l^3 \Delta P}{4bh^3 \Delta S} \tag{2-3}$$

式中　E_f —— 试样弯曲弹性模量(GPa);

　　　ΔP —— 载荷-挠度曲线上初始直线段的载荷增量(N);

　　　ΔS —— 与载荷增量 ΔP 对应的跨距中点处的挠度增量(mm);

l,b,h 同式(2-2)。

弯曲性能测试结果通过式(2-2)和式(2-3)求得。

2. 拉伸性能

拉伸试样的制备和性能测试均参照 GB/T1447—2005 标准,拉伸速度 2 mm/min,记录最大载荷 F,每组数据至少来自 5 个平行试验。

(1)拉伸强度:

$$\sigma_t = \frac{F}{bd} \qquad\qquad (2-4)$$

式中　σ_t —— 拉伸强度(MPa);

　　　F —— 破坏载荷(N);

　　　b —— 试样宽度(mm);

　　　d —— 试样厚度(mm)。

(2)断裂伸长率:

$$\varepsilon_t = \frac{\Delta l_b}{L_0} \times 100\% \qquad\qquad (2-5)$$

式中　ε_t —— 试样断裂伸长率(%);

　　　Δl_b —— 试样拉伸断裂是标距 L_0 内的伸长量(mm);

　　　L_0 —— 测量的标距(mm)。

(3)拉伸弹性模量:

$$E_t = \frac{L_0 \Delta F}{bd \Delta l} \qquad\qquad (2-6)$$

式中　E_t —— 拉伸弹性模量(MPa);

　　　ΔF —— 载荷-变形曲线上初始直线段的载荷增量(N);

　　　Δl —— 与载荷增量 ΔF 对应的标距 L_0 内的变形增量(mm);

L_0,b,d 同上式(2-4)和式(2-5)。

拉伸性能通测试结果根据式(2-4)~式(2-6)求得。

3.压缩强度

压缩试样的制备和性能测试均参照 GB/T 1448—2005 标准,加载速度2 mm/min,记录最大载荷 F,每组数据来自5个平行试验。

$$\sigma_c = \frac{P}{F} = \frac{P}{bh} \qquad\qquad (2-7)$$

式中　σ_c —— 压缩强度(MPa);

　　　P —— 破坏载荷(N);

　　　F —— 试样横截面积(mm^2);

　　　b —— 试样宽度(cm);

　　　h —— 试样厚度(cm)。

压缩强度测试结果根据式(2-7)求得压缩强度 σ_c。

4.耐疲劳性能测试

将最佳工艺条件下制备出纤维增强羟基磷灰石-聚合物基生物复合材料在动态材料试验机上进行测试,疲劳应力为试样最大应力的60%,频率为1 Hz。对比在不同循环次数的情况下复合材料的弯曲强度的变化,来判断其耐疲劳性能。

5.吸湿膨胀的测试

生物复合材料在使用过程中,会吸收人体组织的水分,随着水分被吸收到复合材料内部,其体积会逐渐膨胀。植入材料适度膨胀可使骨折内固定物和钻孔之间结合非常紧密,产生的膨胀力对受损的骨组织有应力刺激作用,从而促进骨组织迅速自发修复缺损处。复合材料的吸水率低就意味着复合材料在湿态环境下的膨胀度小。非膨胀体系的骨折内固定物和钻孔之间的结合就不是很紧密。该植入物与骨钻孔之间的结合不紧密的界面就形成应力集中区,造成植入体的脱落失效。吸湿膨胀性能的测试方法是:将纤维增强羟基磷灰石-聚合物基生物复合材料样品放在去离子水中浸泡,分别在浸泡 0 h、1 h、2 h、4 h、5 h、9 h、10 h、20 h、24 h 后取出样品,用过滤纸将样品表面水分擦干,然后再用万分之一天平称量样品质量,分析其质量变化。

2.4.2 生物安全性评价

生物材料的生物活性表现为有利于植入材料与活体组织形成牢固键合的特性,而非生物活性的材料在植入后与活体组织界面处则形成非黏附的纤维组织层。对于柱状或针状类骨磷灰石有很多文献资料报道,但是对片状或球状类骨磷灰石的研究却鲜有报道。在应用研究工作中,当类骨磷灰石为柱状或针状时,由于针状或柱状粉末表面积小,其承载能力不强,而且不滑腻,有一种针刺的感觉。为此,研究工作者希望类骨磷灰石具有片状或者球状结构,不但润滑、无针刺的感觉,而且有更大的表面积和人体接触,以便更好地发挥其成骨诱导作用。

1.试样制备

采用模压成型的方法,按照表 2-1 所示组成制备纤维增强羟基磷灰石-聚合物基生物复合材料,将样品加工成 3 mm×15 mm×120 mm 的条形试样。

表 2-1 纤维增强羟基磷灰石-聚合物基生物复合材料的配比

组分	V_{MMA}/mL	V_{H_2O}/mL	m_{BPO}/g	m_{HA}/g	$m_{卵磷脂}$/g	$m_{纤维}$/g	T/℃	搅拌速度/r·min^{-1}	纤维平均长度/mm
用量	30	90	1.6	2.4/4.8	0.9	1.2	80	变量	3

注:MMA 为甲基丙烯酸甲酯;BPO 为引发剂过氧化苯甲酰。

2.体外浸泡实验

(1)浸泡介质。磷酸盐缓冲液(pH 为 7.4):0.5 mol 磷酸氢钾和 0.5 mol 磷酸氢钠按一定体积比制得;

去离子水:实验室自制;

生理盐水:山东鲁抗辰欣药业有限公司生产;

柠檬酸溶液(pH 为 3):磷酸氢二钠 Na_2HPO_4(0.2 mol/L)205.5 mL,柠檬酸(0.1 mol/L)794.5 mL,配成 1 000 mL 溶液。

(2)体外浸泡实验步骤。将制得的试样在真空干燥箱中干燥至恒重,测初重(W_0)。灭菌后(121℃,20 min),在无菌条件下分别浸泡于装有定量磷酸缓冲液、去离子水、生理盐水、柠檬酸缓冲液的试管中,密闭后置于恒温水浴中(37℃±0.5℃),按规定时间取样,用去离子

水冲洗后,进行如下测试:

1)吸水率测定。根据 GB1462—2005《纤维增强塑料吸水性试验方法》制得试样。由于该材料用于人体,在人体中面临体液的长期作用。通过测定材料在一段时期的吸水率,直至吸水率稳定在某一个值时,用此值来评估该材料在长期使用过程中的吸水率。其技术方法为:任取 5 个试样,真空干燥后,用电子天平准确称量试样的初始质量(W_0),然后在室温状态下将试样浸泡在 pH 为 7.4 左右的磷酸盐缓冲溶液中,每 48 h 取出,用滤纸吸干试样表面水分后称取湿重(W_s),计算吸水率:$W_A = (W_s - W_0)/W_0 \times 100\%$,并观察试样的质量变化,直至材料恒重。

2)失重率测定。将浸泡于去离子水、生理盐水、柠檬酸缓冲液中的试样分别于 1 周、4 周、8 周、12 周取出,真空干燥后称取残重(W_r),计算失重率:$W_L = (W_0 - W_r)/W_0 \times 100\%$。

3)形貌观测。利用扫描电镜观察浸泡前后试样表面形貌的变化。

3. 生物活性研究

已有大量的体外模型和方法被用于生物材料的表面生物活性研究,其中模拟人体血清无机离子成分的模拟体液已被普遍使用并成为材料表面生物活性研究的经典方法。其配方如表 2-2 所示。模拟体液与血浆的成分对比如表 2-3 所示。

本书采用体外浸泡方法对制备的纤维增强羟基磷灰石-聚合物基生物复合材料的降解进行测定。

表 2-2 模拟体液配方

试 剂	摩尔质量/(g·mol⁻¹)	质量/g
KCl	74.460	0.223
NaCl	58.440	7.995
Na₂SO₄	142.040	0.071
NaHCO₃	84.008	0.353
K₂HPO₄·3H₂O	228.046	0.228
CaCl₂	110.980	0.555
MgCl₂·6H₂O	203.306	0.305

表 2-3 模拟体液和血浆的离子组成

离子		Na⁺	K⁺	Ca²⁺	Mg²⁺	HCO₃⁻	Cl⁻	HPO₄²⁻	SO₄²⁻
摩尔浓度 mmol·L⁻¹	血浆	142.0	5.0	2.5	1.5	27.0	103.0	1.0	0.5
	模拟体液	142.0	5.0	2.5	1.5	4.2	148.5	1.0	0.5

将纤维增强羟基磷灰石-聚合物基生物复合材料制成条状后,用砂纸打磨,在 70% 的无水乙醇中用超声波清洗,然后用去离子水漂洗干净,在真空干燥箱中 60 ℃干燥 24 h,浸泡于

定量模拟体液中,密闭后置于 76－1A 型恒温水浴槽(37℃±0.5℃),每周更换模拟体液,于 1 周、2 周、3 周、4 周分别取样,进行如下检测:

第一,采用 X 射线衍射仪对材料表面进行 XRD 分析测试;

第二,利用扫描电镜对材料形貌表面进行矿化分析;

第三,使用万分之一天平测试材料的质量变化;

第四,采用万能材料试验机测试试样浸泡前后弯曲强度的变化。

参 考 文 献

[1] WANG X J, LI Y B, JIE W, et al. Development of biomimetic nano－hydroxyapatite/ poly(hexamethylene adipamide) composites [J]. Biomaterials. 2002,23(24): 4787－4791.

[2] SHIKINAMI Y, OKUNO M. Bioresorbable devices made of forged composites of hydroxyapatite(HA) particles and poly－L－lactide(PLLA): Part I. Basic characteristics[J]. Biomaterials, 2001, 22(23):3197－3211.

[3] 王科,樊东力,张一鸣.羟基磷灰石/硅橡胶复合材料的制备及机械性能检测[J].第三军医大学学报,2006,28(8):798－800.

[4] 赵俊亮,付涛,魏建华,等.羟基磷灰石环氧树脂复合材料的制备与性能[J].生物学工程学杂志,2005,22(2):238－241.

[5] 许风兰,李玉宝,王学江,等.纳米羟基磷灰石/聚乙烯醇复合水凝胶的制备和性能研究[J].功能材料,2004,35(4):509－512.

[6] 罗庆平,刘桂香,杨世源,等.磷酸单酯偶联剂改性羟基磷灰石/高密度聚乙烯复合人工骨材料的制备和性能[J].复合材料学报,2006,23(1):80－84.

[7] 全在萍,李世普.聚 DL－丙交酯/羟基磷灰石(PDLLA/HA)复合材料(I):制备及力学性能[J].中国生物医学工程学报,2001,20(6):485－488.

[8] HONG Z, ZHANG P, HE C, et al. Nano－composite of poly(L－lactide) and surface grafted hydroxyapatite: mechanical properties and biocompatibility[J]. Biomaterials, 2005, 26(32):6296－6304.

[9] 蔡卫全,马睿,翁履谦,等. 原位聚合羟基磷灰石/聚醚醚酮复合材料[J]. 化工新型材料, 2010, 38(6):37－39.

[10] 李保强,胡巧玲,汪茫,等.原位复合法制备层状结构的壳聚糖/羟基磷灰石纳米材料[J].高等学校化学学报,2004,25(10):1949－1952.

[11] 郑裕东,王迎军,陈晓峰,等.溶胶-凝胶法原位复合 PVA/HA 水凝胶的结构表征与性能研究[J].高等学校化学学报,2005,26(9):1735－1738.

[12] 王迎军,刘青,郑裕东,等.沉淀法原位复合聚乙烯醇(PVA)/羟基磷灰石(HA)水凝胶的结构与性能研究[J]中国生物医学工程学报,2005,24(2):150－153.

[13] 张彩云,方前锋,张涛,等. 原位法制备羟基磷灰石/聚乳酸纳米复合材料的体外生

物学研究[J]. 生物医学工程学杂志,2012,29(2):307－310.

[14] 张利,李玉宝,魏杰,等.纳米羟基磷灰石/壳聚糖复合骨修复材料的共沉淀法制备及其性能表征[J].功能材料,2005,36(3):441－444.

[15] 郭颖,李玉宝,严永刚.纳米磷灰石晶体/聚酰胺66复合材料的制备和界面研究[J].四川大学学报(自然科学版),2002,39(3):479－482.

[16] 张翔,李玉宝,宋之敏,等.PA66/HA复合生物材料的力学性能研究[J].中国塑料,2005,19(6):25－29.

[17] 卢神州,李明忠,白伦,羟基磷灰石/丝素蛋白纳米复合颗粒的制备[J].丝绸,2006,(2):17－20.

[18] 吴芳,戴伯川,李为祖.纳米羟基磷灰石/壳聚糖-海藻酸钠复合材料的制备及性能研究[J].海峡药学,2009,21(3):21－23.

[19] 陈际达,王远亮,蔡绍皙.纳米羟基磷灰石/胶原复合材料制备方法研究[J].生物物理学报,2001,17(4):778－684.

[20] 王英波,鲁雄,李丹,等.脉冲电化学沉积法制备羟基磷灰石/壳聚糖复合涂层的研究[J].高分子学报,2011(11):1244－1252.

[21] 何剑鹏.碳纤维表面电沉积法制备羟基磷灰石涂层及玻璃纤维增强不饱和聚酯微孔塑料的研究[D].西安:陕西科技大学,2015.

[22] GB/T 1449—2005,纤维增强塑料弯曲性能试验方法[S].北京:中国标准出版社,2005.

[23] GB/T 1447—2005,纤维增强塑料拉伸性能试验方法[S].北京:中国标准出版社,2005.

[24] GB/T 1448—2005,玻璃纤维增强塑料压缩性能试验方法[S].北京:中国标准出版社,2005.

[25] GB/T 1462—2005,纤维增强塑料吸水性实验方法[S].北京:中国标准出版社,2005.

[26] DUAN Y R,LV W X,WANG C Y. The effects of surface morphology of Calcium Phosphate Ceramics on apatite formation in dynamic SBF[J]. Journal of biomedical engineering,2002,19(2):186－190.

[27] DUAN Y R,LIU K W,CHEN J Y. Effects of simulated body fluid flowing rate on bone－like apatite formation on Porous Calcium Phosphate Ceramics[J]. Space Medicine & Medical Engineering,2002,15(3):203－207.

[28] CHEN J H,ZHAN Y L,MA L X. Study on bioactivity of Calcium Iron Silicate Ferromagnetic Glass－ceramics with simulated body fluid[J]. Journal of Tsinghua University,2000,28(6):57－62.

第3章
碳纤维增强羟基磷灰石-聚甲基丙烯酸甲酯生物复合材料

3.1 碳纤维增强羟基磷灰石-聚甲基丙烯酸甲酯生物复合材料概述

虽然近几个世纪以来,国内外学者对聚甲基丙烯酸甲酯类骨水泥进行了大量的改性研究,也取得大量突破性成效,但到目前为止仍存在力学强度及弹性模量不高、生物相容性有待进一步改进等问题,而且对于长骨干的大块骨缺损、骨肿瘤大块切除或关节切除后的重建或修复,临床处理仍然很不理想。基于此,本章在分析和研究国内外研究成果的基础上,采用原位合成与溶液共混相结合的方法制备了短切碳纤维增强羟基磷灰-聚甲基丙烯酸甲酯骨修复复合材料,在聚甲基丙烯酸甲酯聚合物中同时引入力学性能优良的碳纤维和生物活性羟基磷灰石两种功能材料,碳纤维提供力学性能,羟基磷灰石提供生物学性能,研发出一种对人体环境稳定、生物活性优良、强度高、可长期植入的承重骨组织修复和替代的碳纤维/羟基磷灰石-聚甲基丙烯酸甲酯生物复合材料,开发出一种具有巨大发展前景的高性能、安全可靠的骨修复替代材料。

3.2 实验部分

3.2.1 聚甲基丙烯酸甲酯聚合机理

实验采用甲基丙烯酸甲酯为聚合单体,过氧化苯甲酰为引发剂,反应机理为自由基聚合。聚合机理包括链引发、链增长和链终止。

实验选用的过氧化苯甲酰是最常用的有机过氧类引发剂,一般在 $60\sim80℃$ 分解。过氧化苯甲酰的分解按两步进行,具体如下:

$$(3-1)$$

$$(3-2)$$

第一步均裂成苯甲酸基自由基,有单体存在时,即引发聚合;无单体存在时,进一步分解成苯基自由基,并析出 CO_2。

(1)链引发。链引发反应是形成单体自由基活性种的反应。用引发剂过氧化苯甲酰引发时,反应由下列两步组成:

1)引发剂 I 分解,形成初级自由基 R·。

$$I \longrightarrow 2R· \tag{3-3}$$

2)初级自由基与单体加成,形成单体自由基。

$$R· + CH_2{=}CH \longrightarrow R{-}CH_2{-}\overset{·}{C}H \tag{3-4}$$
$$\quad\quad\quad X \quad\quad\quad\quad\quad X$$

(2)链增长。在链引发阶段形成的单体自由基,仍具有活性,能打开第二个烯类分子的 π 键,形成新的自由基。新自由基活性并不衰减,继续和其他单体分子结合成单元更多的链自由基。这个过程称为链增长反应,实际上是加成反应。

$$R{-}CH_2{-}\overset{·}{C}H + H_2C{=}CH \longrightarrow R{-}CH_2{-}CH{-}CH_2{-}\overset{·}{C}H \longrightarrow \cdots\cdots$$
$$\quad\quad X \quad\quad\quad\quad X \quad\quad\quad\quad\quad X \quad\quad\quad X$$

$$\longrightarrow \sim\sim\sim CH_2{-}\overset{·}{C}H \tag{3-5}$$
$$\quad\quad\quad\quad\quad\quad X$$

链增长反应有两个特征:一是放热反应,烯类单体聚合热 55～95 kJ/mol;二是增长活化能低,20～34 kJ/mol,增长速率极高,在 0.01 s 到几秒钟内,就可以使聚合度达到数千,甚至上万。这样高的速率是难以控制的,单体自由基一经形成以后,立刻与其他单体分子加成,增长成活性链,而后终止成大分子。因此,聚合体系内往往由单体和聚合物两部分组成,不存在聚合度递增的一系列中间产物。

(3)链终止。自由基活性高,有相互作用而终止的倾向。终止反应有偶合终止和歧化终止两种方式。两链自由基的独电子相互结合成共价键的终止反应称为偶合终止。偶合终止的结果是大分子的聚合度为链自由基重复单元数的两倍。用引发剂引发并无链转移时,大分子两端均为引发剂残基。

$$\sim\sim\sim CH_2{-}\overset{·}{C}H + \overset{·}{C}H{-}CH_2\sim\sim\sim \xrightarrow{\text{偶合}} \sim\sim\sim CH_2{-}CH{-}CH{-}CH_2\sim\sim\sim \tag{3-6}$$
$$\quad\quad\quad\quad X \quad\quad X \quad\quad\quad\quad\quad\quad\quad\quad\quad X \quad X$$

某链自由基夺取另一自由基的氢原子或其他原子的终止反应,则称作歧化终止。歧化终止结果是大分子的聚合度与链自由基中单元数相同,每个大分子只有一端为引发剂残基,另一端为饱和或不饱和,两者各半。

$$\sim\sim\sim CH_2{-}\overset{·}{C}H + \overset{·}{C}H{-}CH_2\sim\sim\sim \xrightarrow{\text{歧化}} \sim\sim\sim CH_2{-}CH_2 + HC{=}CH\sim\sim\sim \tag{3-7}$$
$$\quad\quad\quad\quad X \quad\quad X \quad\quad\quad\quad\quad\quad\quad\quad\quad X \quad\quad X$$

3.2.2　实验方法

1.碳纤维增强羟基磷灰石–聚甲基丙烯酸甲酯生物复合材料的制备

本实验采用原位合成与溶液共混相结合的方法,成功地合成了碳纤维增强羟基磷灰石–聚甲基丙烯酸甲酯三元共聚物,实验装置如图 3 – 1 所示。

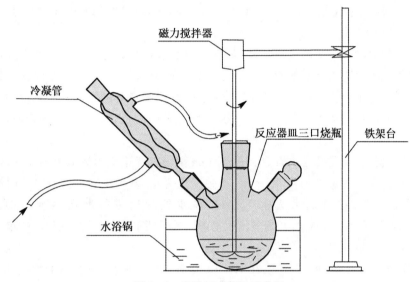

图 3 – 1　实验反应装置示意图

(1)羟基磷灰石的制备。选用市售纯度为 99% 的硝酸钙($Ca(NO_3)_2 \cdot 4H_2O$)、磷酸氢二铵($(NH_4)_2HPO_4$)和尿素(H_2NCONH_2)为原料,借用微波合成反应仪,采用湿化学法合成羟基磷灰石纳米粉体。首先将 $Ca(NO_3)_2 \cdot 4H_2O$ 和 $(NH_4)_2HPO_4$ 按 $n_{Ca} : n_P = 1.67 : 1$ 的比例混合,加入蒸馏水溶解,使溶液中 Ca^{2+} 离子的物质的量浓度为 $0.01 \sim 0.5$ mol/L;在溶液中按照 $m_{尿素} : (m_{磷酸氢二铵} + m_{硝酸钙}) = (5 \sim 12) : 1$ 加入尿素并搅拌均匀;用微波合成反应仪在 $50 \sim 80$℃、搅拌速度为 $300 \sim 500$ r/min 的条件下,进行微波合成 $10 \sim 20$ min;然后将悬浮液过滤洗涤,先用蒸馏水洗涤 3 次,再用无水乙醇清洗 3 次,将过滤出来的物料放入真空干燥箱中于 $90 \sim 120$℃下烘干,最后将所得羟基磷灰石粉体进行研磨,过 $200 \sim 300$ 目筛。

(2)羟基磷灰石的表面改性。选用上述制备的羟基磷灰石粉、市售生物试剂卵磷脂和纯度为 99% 的丙酮为原料,制备羟基磷灰石的悬浊液。具体工艺为:称取 $5\% \sim 30\%$(相对于羟基磷灰石的质量)的卵磷脂粉,加入氯仿,制成质量分数为 $0.5\% \sim 2\%$ 的氯仿溶液,然后再加入 $0.5\% \sim 10\%$(相对于甲基丙烯酸甲酯的质量)的羟基磷灰石,在室温,工作频率为 40 kHz 条件下,超声分散 $10 \sim 30$ min,制成悬浊液备用。

(3)碳纤维的表面处理。在本次实验中,采用液相氧化法对纤维的表面进行氧化改性。具体方法为:将平均长度为 3 mm 的碳纤维用质量分数为 63% 的浓硝酸(HNO_3)在 60℃氧

化 1～7 h,用蒸馏水洗涤数次后,再用二甲基亚砜浸泡 6～12 h 后,在 120℃下干燥 2～
5 h 即可。

(4)碳纤维的分散。在本次实验中,纤维分散主要采用了机械分散和表面改性分散相结
合的方法。首先借助超声波和机械搅拌将表面处理后的纤维在水中初步分散;然后向溶液
中加入分散剂,并借助超声波进行超声分散,最终达到纤维分散的目的。分散过程由超声波
和搅拌棒产生的空化和剪切作用推动。为了进一步降低短纤维的表面张力,改善分散能力,
提高保护力,更好地控制纤维的分布,往往要加入聚乙烯吡咯烷酮作为分散剂,其用量很少
时就有显著的效果。

(5)药品的提纯。在参加反应前,甲基丙烯酸甲酯和引发剂过氧化苯甲酰需要进行纯
化,因为单体在贮存期间要加入阻聚剂以防止其缓慢聚合。另外,单体中含有一定量的杂
质,有的杂质可以作为链转移剂,使反应产物复杂化,影响产物的相对分子质量和相对分子
质量分布,从而影响产品性能。此外,引发剂过氧化苯甲酰也含有一定量的杂质,为了提高
引发效率也必须进行纯化。

1)单体的提纯:用质量分数为 10%的 NaOH 溶液洗涤甲基丙烯酸甲酯几次,以少量多
次为原则,直至滴入 NaOH 时水相(下层)不再变色为止,再用蒸馏水洗涤甲基丙烯酸甲酯
至中性,分去水层;接着加入无水 Na$_2$SO$_4$ 脱水处理后进行减压蒸馏,在真空度为
0.091 MPa,水浴温度为 40℃时开始蒸出甲基丙烯酸甲酯单体;然后将纯化后的单体保存于
棕色瓶中,置于冰柜待用。

2)引发剂过氧化苯甲酰的提纯:在 100 mL 烧杯中加入 5 g 过氧化苯甲酰和 20 mL 氯仿
不断搅拌使之溶解,过滤溶液,首先将滤液直接滴入 50 mL 甲醇中,将得到的白色针状结晶
过滤,用冰冷的甲醇洗净抽干,然后反复结晶两次,最后将沉淀放于棕色瓶中保存于干燥处。
在此过程中以氯仿作为溶剂,甲醇作为沉淀剂。

(6)复合材料的制备。在上述研究基础上,采用原位合成与溶液共混相结合的方法制备
碳纤维/羟基磷灰石-聚甲基丙烯酸甲酯三元复合材料,实验工艺流程如图 3-2 所示。具体
制备工艺为:称取适量 1%～20%的自制纳米羟基磷灰石(相对甲基丙烯酸甲酯的质量),研
磨过筛,用 5%～30%(相对于羟基磷灰石的质量)的卵磷脂偶联剂处理后加入氯仿溶液中,
超声分散 30 min 形成羟基磷灰石的悬浊液备用。称量 0.5%～10%(相对甲基丙烯酸甲酯
的质量)上述表面处理后的碳纤维,加入溶有 0.2%～5%的聚乙烯吡咯烷酮水溶液中(其中
水的体积为甲基丙烯酸甲酯体积的 1～5 倍),在室温,工作频率 40 kHz 条件下,超声分散,
待碳纤维完全分散后,向溶液中滴加溶有质量分数为 1%～3%的过氧化苯甲酰的甲基丙烯
酸甲酯单体溶液 30 mL,在水浴温度为 65～90℃条件下进行悬浮聚合,反应 30～60 min 后,
将聚合物移入上述分散好的羟基磷灰石丙酮悬浊液中,强烈搅拌。待其完全溶解后,挥发溶
剂,并装模,于 60℃,10 MPa 下固化成型。所得试样经打磨、抛光后进行性能测试。该实验
重点研究了碳纤维/羟基磷灰石-聚甲基丙烯酸甲酯配比、引发剂过氧化苯甲酰质量分数、聚
合反应温度及搅拌速度等对复合材料的性能的影响,同时研究了碳纤维和羟基磷灰石表面
改性对复合材料性能的影响,最终获得一套最佳制备工艺。

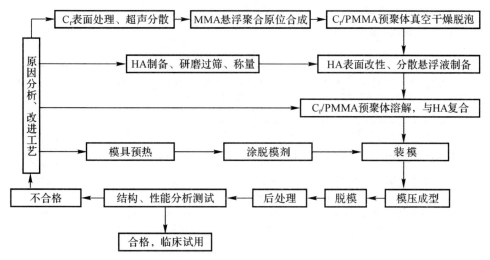

图 3-2　C_f/HA-PMMA 复合材料合成工艺流程示意图

2. 工艺因素设计

以下实验中,其试样均按照 3.2.2.1 中(6)制备复合材料的工艺方法制备,其中如未特意指出,则反应温度均为80℃,不再赘述。

(1)对比实验研究。表 3-1 为对比实验研究的具体工艺参数。我们制备了空白样(聚甲基丙烯酸甲酯)(样品1)、羟基磷灰石-聚甲基丙烯酸甲酯(样品2)、碳纤维/聚甲基丙烯酸甲酯复合材料(样品3)、碳纤维/羟基磷灰石-聚甲基丙烯酸甲酯(样品4)及改性碳纤维/改性羟基磷灰石-聚甲基丙烯酸甲酯(样品5)。

表 3-1　对比实验研究

工艺参数	V_{MMA}/mL	V_{H_2O}/mL	m_{BPO}/g	m_{HA}/g	$m_{卵磷脂}$/g	$m_{碳纤维}$/g
样品1	30	90	1.6	0	0	0
样品2	30	90	1.6	2.4	0.9	0
样品3	30	90	1.6	0	0	1.2
样品4	30	90	1.6	2.4	0	1.2
样品5	30	90	1.6	2.4	0.9	1.2

(2)引发剂质量分数研究。表 3-2 为研究不同对引发剂质量分数的具体参数。按照上述工艺方法,我们制备了不同引发剂过氧化苯甲酰质量分数的试样。

表 3-2　引发剂质量分数研究

组分	V_{MMA}/mL	V_{H_2O}/mL	m_{BPO}/g	m_{HA}/g	$m_{卵磷脂}$/g	$m_{碳纤维}$/g
用量	30	90	变量	2.4	0.9	1.2

(3)水油体积比研究。表 3-3 为研究不同水油体积比的具体参数。按照上述工艺方法,我们制备了不同水油体积比的试样。

表 3-3　水油体积比研究的参数

组分	V_{MMA}/mL	V_{H_2O}/mL	m_{BPO}/g	m_{HA}/g	$m_{卵磷脂}/g$	$m_{碳纤维}/g$
用量	30	变量	1.6	2.4	0.9	1.2

(4)反应温度研究。表 3-4 为研究不同反应温度的具体参数。按照上述工艺方法,我们制备了不同反应温度的试样。

表 3-4　反应温度研究的参数

组分	V_{MMA}/mL	V_{H_2O}/mL	m_{BPO}/g	m_{HA}/g	$m_{卵磷脂}/g$	$m_{碳纤维}/g$
用量	30	90	1.6	2.4	0.9	1.2

(5)碳纤维质量分数研究。表 3-5 为研究不同纤维质量分数的具体参数。按照上述工艺方法,我们制备了不同碳纤维质量分数的试样。

表 3-5　碳纤维质量分数研究的参数

组分	V_{MMA}/mL	V_{H_2O}/mL	m_{BPO}/g	m_{HA}/g	$m_{卵磷脂}/g$	$m_{碳纤维}/g$
用量	30	90	1.6	2.4	0.9	变量

(6)羟基磷灰石质量分数研究。表 3-6 为研究不同羟基磷灰石质量分数的具体参数。按照上述工艺方法,我们制备了不同羟基磷灰石质量分数的试样。

表 3-6　羟基磷灰石质量分数研究的参数

组分	V_{MMA}/mL	V_{H_2O}/mL	m_{BPO}/g	m_{HA}/g	$m_{卵磷脂}/g$	$m_{碳纤维}/g$
用量	30	90	1.6	变量	0.9	1.2

(7)搅拌速度研究。表 3-7 为研究聚合反应时不同搅拌速度的具体参数。按照上述工艺方法,我们制备了不同搅拌速度的试样。

表 3-7　搅拌速度研究的参数

组分	V_{MMA}/mL	V_{H_2O}/mL	m_{BPO}/g	m_{HA}/g	$m_{卵磷脂}/g$	$m_{碳纤维}/g$
用量	30	90	1.6	2.4	0.9	1.2

注:纤维的平均长度为 3 mm。

3.3 碳纤维增强羟基磷灰石-聚丙烯酸甲酯 生物复合材料的结构表征

图3-3是本实验采用湿化学法制备的纳米羟基磷灰石的射线衍射图。将此图与标准 JCPDS 卡比较,主要衍射峰((210)晶面,(002)晶面和(211)晶面)完全吻合,说明制备的粉体 为羟基磷灰石。根据 Sherrer 公式,可计算得到羟基磷灰石的平均晶粒尺寸为 9 nm。

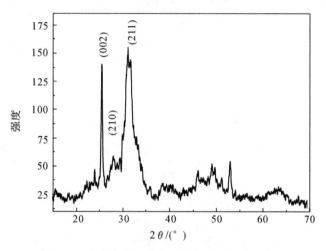

图3-3 所制备羟基磷灰石粉体的 X 射线衍射图

图3-4 为所制备羟基磷灰石的透射电子显微镜照片。从图中可以看出,羟基磷灰石晶 粒呈片状纳米结构,纳米片的长度约为 1.7 μm,宽度约为 300 nm(见图3-4(a));结合图3-4(b)中纳米片的侧面图可知,其厚度为 10 nm 左右。

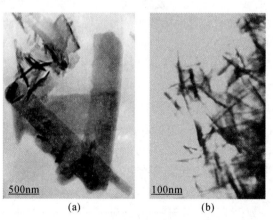

图3-4 所制备羟基磷灰石的透射电子显微镜照片

(a)正面图; (b)侧面图

图3-5是用浓硝酸氧化改性后碳纤维的红外光谱图。从该红外光谱图上可以看出,波数为3 448 cm^{-1}处出现较宽的吸收峰为O—H或酰胺基(—CO—NH$_2$)中C—N的振动吸收峰,1 636 cm^{-1}处是 —C=O的伸缩振动吸收峰,说明碳纤维经氧化后表面形成了一些新的活性基团,有助于提高碳纤维与丙烯酸甲酯基体的结合性能。

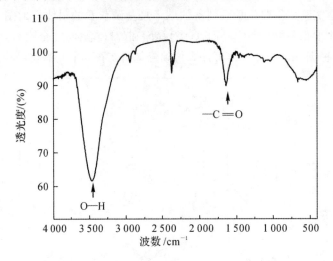

图3-5 经硝酸氧化处理碳纤维的红外光谱图

图3-6是用卵磷脂改性后的羟基磷灰石、表面氧化改性后的碳纤维、聚甲基丙烯酸甲酯和碳纤维/羟基磷灰石-聚甲丙烯酸甲酯复合材料的红外光谱图。在改性后羟基磷灰石的红外光谱图上可以发现,波数为3 421 cm^{-1}处吸收峰归属于O—H键的振动吸收,而1 034 cm^{-1},601 cm^{-1}及592 cm^{-1}处的吸收峰由PO$_4^{3-}$ 引起,进一步证实所采用的粉体为羟基磷灰石,这与图3-3的结果一致。波数为1 680 cm^{-1}和1 114 cm^{-1}处有较强的吸收峰,分别为 C=O和缔合的 P=O振动吸收峰,波数为2 924 cm^{-1}处吸收峰为C—H的伸缩振动峰,这是羟基磷灰石表面所包裹的卵磷脂的特征峰。在碳纤维的红外光谱图上,波数为3 448 cm^{-1}处较宽的吸收峰为O—H或酰胺基(—CO—NH$_2$)中C—N的振动吸收峰,1 636 cm^{-1}处是 —C=O的伸缩振动吸收峰,说明碳纤维经氧化后表面形成了大量新的活性基团。在聚甲基丙烯酸甲酯的红外光谱图上,波数为2 997 cm^{-1}和2 951 cm^{-1}处的两个吸收峰是C—H振动吸收峰,波数为1 731 cm^{-1}处强的吸收峰为 C=O 的吸收峰,结合1 242 cm^{-1},1 193 cm^{-1}处的C—O—C的吸收峰,说明所采用的材料为聚甲基丙烯酸甲酯。与聚甲基丙烯酸甲酯的红外光谱图相比较,可以看出,在碳纤维/羟基磷灰石-聚甲基丙烯酸甲酯复合材料的红外光谱图上,不仅有聚甲基丙烯酸甲酯的吸收峰,而且在波数为1 034 cm^{-1}和667 cm^{-1}处出现了新的吸收峰,它们归属于P—O的振动吸收峰,在500～650 cm^{-1}处出现的一系列由PO$_4^{3-}$ 引起的小峰,证实了复合材料中含有羟基磷灰石。在波数为1 550～1 650 cm^{-1}处未出现吸收峰,说明复合材料中不存在 —CH=CH$_2$基团,也即材料中不含有甲基丙烯酸甲酯单体,说明聚合反应非常充分。

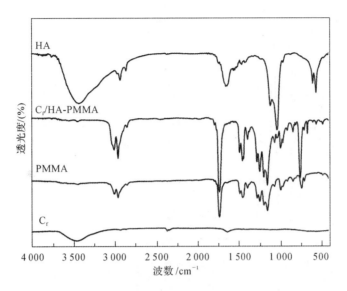

图 3 - 6　表面改性的羟基磷灰石、处理后的碳纤维、聚甲基丙烯酸甲酯和
　　　　C$_f$/HA - PMMA 复合材料的红外光谱图

　　图 3 - 7 为所制备碳纤维/羟基磷灰石-聚甲丙烯酸甲酯复合材料断面 SEM 照片。从图中可以看出,纤维在聚甲基丙烯酸甲酯基体中分布均匀,没有发现气泡等缺陷,而且断裂面有部分纤维被拔出和拔出后断裂的现象,这说明所采取的合成工艺是合适的。

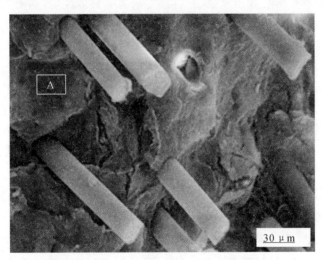

图 3 - 7　C$_f$/HA - PMMA 复合材料断面 SEM 照片
注:标记 A 为能谱扫描范围

　　图 3 - 8 为图 3 - 7 中 A 区的能谱图。从图中可以看出碳纤维/羟基磷灰石-聚甲丙烯酸甲酯复合材料中含有 Ca,P,O 等元素,结合图 3 - 3 的 XRD 分析结果,说明复合材料中含有羟基磷灰石。

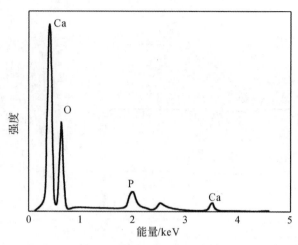

图 3 - 8　C_f/HA - PMMA 复合材料的断面(图 3 - 7,A 区)EDS 谱图

3.4　表面改性对复合材料力学性能的影响

3.4.1　羟基磷灰石表面改性对复合材料力学性能的影响

复合材料中相界面结合相当重要,它直接影响着材料的性能,如果没有良好的界面结合,复合材料易形成局部松弛,造成应力集中,使材料的强度性能下降。为此,我们进一步考查了羟基磷灰石粉体对碳纤维/羟基磷灰石-聚甲基丙烯酸甲酯复合材料的力学性能及微观结构的影响。如图 3 - 9 为卵磷脂改性对复合材料弯曲强度、拉伸强度和压缩强度的影响,从图可以看出,卵磷脂的加入能有效提高复合材料的弯曲强度和拉伸强度,但对复合材料的压缩性能影响不大。这可能是因为卵磷脂具有两亲性分子结构,用它改性后的羟基磷灰石的表面活性官能团增加,使羟基磷灰石有可能和基体聚甲基丙烯酸甲酯发生化学键的结合,从而有效改善羟基磷灰石和碳纤维/聚甲基丙烯酸甲酯复合材料的界面结合性,提高复合材料的力学性能。

图 3 - 10 是用卵磷脂改性后的羟基磷灰石纳米粒子和未改性的羟基磷灰石纳米粒子的傅里叶变换红外光谱图,其中 3 421 cm^{-1} 的吸收峰是来自羟基磷灰石中 OH$^-$ 的伸缩振动吸收,相应的变形振动吸收出现在 601 cm^{-1} 处。1 114 cm^{-1} 和 1 034 cm^{-1} 的吸收峰是羟基磷灰石粉体中 PO$_4^{3-}$ 的 P—O 键的伸缩振动吸收,而 592 cm^{-1} 处吸峰则与 P—O 键的弯曲振动有关。除去 KBr 基质影响后的粉体光谱在 3 000～3 500 cm^{-1} 范围没有出现明显的吸收,但其 OH$^-$ 伸缩振动频率显然较相应 Ca(OH)$_2$ 的 OH$^-$ 振动频率(约为3 644 cm^{-1})低,表明粉体中 OH$^-$ 与 PO$_4^{3-}$ 之间或 OH$^-$ 间虽无强烈的氢键存在,但仍有一定程度的氢键作用。由于在羟基磷灰石晶胞中,羟基间的 O(H)…O 间距为0.344 nm,不可能发生氢键作用,而 OH$^-$ 与 PO$_4^{3-}$ 的间距为 0.306 8 nm,有可能形成弱的氢键。因此,可认为羟基磷灰石结晶的

OH⁻伸缩振动频率较低是其 OH⁻ 与相邻 PO_4^{3-} 的 O 形成弱氢键的结果。对比卵磷脂改性的羟基磷灰石粒子的红外光谱图(见图 3-10(a)),可见 1 680 cm⁻¹ 处,1 450 cm⁻¹ 和 2 924 cm⁻¹ 处有明显的卵磷脂特征吸收峰,说明羟基磷灰石晶体表面包裹着卵磷脂,而且 3 421 cm⁻¹ 处的 OH⁻ 吸收峰增强,说明卵磷脂和羟基磷灰石之间可能存在某种化学键合。

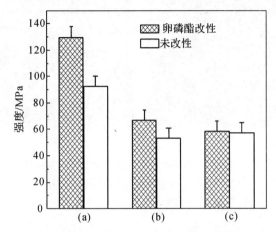

图 3-9　卵磷脂对 $C_f/HA-PMMA$ 复合材料力学性能
[弯曲强度(a)、拉伸强度(b)和压缩强度(c)]的影响

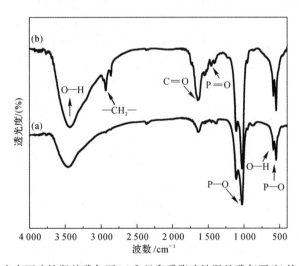

图 3-10　未表面改性羟基磷灰石(a)和经卵磷脂改性羟基磷灰石(b)的红外光谱图

图 3-11 是碳纤维/羟基磷灰石–聚甲基丙烯酸甲酯复合材料断面的 FE-SEM 照片,经 EDS 分析图中的白色颗粒为羟基磷灰石。从图 3-11(a)可以看出,未经卵磷脂改性的试样断面呈异相突起,有部分羟基磷灰石纳米片脱落和团聚现象。经卵磷脂改性后的羟基磷灰石晶粒与聚甲基丙烯酸甲酯基体的界面结合良好,以纳米级均匀分布在基体中,无明显团聚现象出现。对于无机粒子改性聚合物而言,界面状况对材料的力学性能有关键作用,界面黏

结越好,材料的增强效果越好。卵磷脂促使两相界面交联,提高其界面的黏结性,从而可通过改善其内部结构来增强复合材料的力学性能,这与图 3-9 复合材料的力学性能检测结果一致。

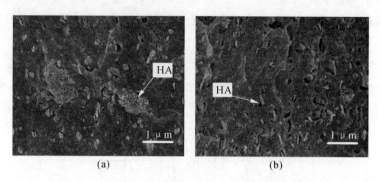

(a)　　　　　　　(b)

图 3-11　未表面改性羟基磷灰石及经卵磷脂改性羟基磷灰石所制备的
C_f/HA-PMMA 复合材料的 FE-SEM 照片

(a)未改性；　(b)经卵磷脂改性

3.4.2　纤维表面改性对复合材料力学性能的影响

图 3-12 为经浓硝酸和二甲基亚砜改性前、后的碳纤维对碳纤维/羟基磷灰石-聚甲基丙烯酸甲酯复合材料弯曲强度、拉伸强度和压缩强度的影响。从图可以看出,采用浓硝酸和二甲基亚砜表面改性后的碳纤维能有效提高复合材料的弯曲强度、压缩强度和拉伸强度。这是因为经浓硝酸氧化后的碳纤维表面出现大量沟槽,显著增加了碳纤维的表面粗糙度和比表面积,从而有效改善碳纤维和聚甲基丙烯酸甲酯基体的界面结合性能,提高了复合材料的力学性能。

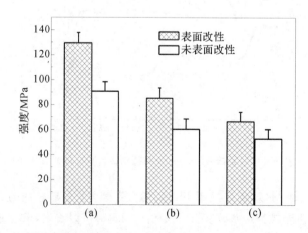

图 3-12　经浓硝酸和二甲基亚砜表面改性前后的碳纤维对 C_f/HA-PMMA 复合材料力学性能弯
曲强度(a)、压缩强度(b)和拉伸强度(c)的影响

注:其中碳纤维质量分数为 4%,羟基磷灰石质量分数为 8%。

图 3-13 为经浓硝酸和二甲基亚砜表面改性前、后碳纤维的 SEM 照片。从图 3-13(a) 可以看出,未经表面处理的碳纤维表面平直而光滑。经表面氧化后的碳纤维表面粗糙,出现大量沟槽(见图 3-13(b)),这有助于改善碳纤维和基体的界面结合,从而有效提高复合材料的力学性能(见图 3-12)。

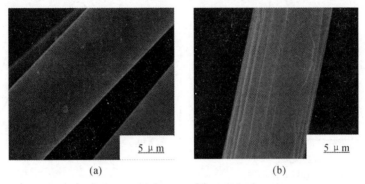

图 3-13 经硝酸和二甲基亚砜表面改性前后的碳纤维的 SEM 照片

(a)改性前; (b)改性后

碳纤维经浓硝酸表面氧化处理后,其表面元素半定量分析结果如表 3-8 所示。从表 3-8可以看出,与未处理碳纤维相比,经浓硝酸氧化处理后碳纤维表面的氧元素的原子百分比有明显的提高,且氮元素的原子百分比也有所提高,而碳元素的原子百分比降低。

表 3-8 XPS 的半定量分析结果

	碳元素的原子百分比/(%)	氧元素的原子百分比/(%)	氮元素的原子百分比/(%)	氧元素与碳元素的原子百分比之比	氮元素与碳元素的原子百分比之比
未改性碳纤维	93.44	5.43	1.13	5.81	1.21
表面氧化处理后碳纤维	88.72	8.99	2.29	10.13	2.58

图 3-14 为碳纤维表面氧化前后 C1s,O1s,N1s 的 X 射线光电子能谱。比较其 C1s 的光电子能谱,可以发现两者的 C1s 峰有很大的差别。与未进行表面改性的碳纤维相比,经浓硝酸氧化的碳纤维的 C1s 主峰产生了一定的化学位移,并且是向高能量处移动,可见碳纤维经浓硝酸氧化后,表面官能团含量、结构及化学环境发生了一定的变化。其中,未改性碳纤维的 C1s 以 C—C 为主要结合能(结合能为 284.4 eV),且在结合能为 286 eV 附近有一明显的肩峰,其归属比较复杂,结合其 N1s 光电子能谱图(见图 3-14(c)),应含有 —C—OH(R)—基和少量 —C≡NH—基的一些含碳氧键的化学结构和一些碳氮键化合物。经表面氧化后,碳纤维的 C1s 主峰对应的能量明显提高,且在高能量方向出现了明显的三个肩峰,说明经表面氧化后,碳纤维的表面环境变得复杂了。结合其 O1s 谱(见图 3-14 (b)),经表面氧化后,在结合能为 533.4 eV 附近的羟基(—OH)的峰强减弱,而在结合能为 532.6 和 535.2 eV 附近的羰基(C═O)或羧基(O—C═O)的峰强增强。可见经浓硝酸氧化

后,碳纤维表面的部分羟基被氧化为羰基或羧基等不饱和键。比较碳纤维氧化前、后的 N1s 光电子能谱,可以明显看出,表面氧化后的 N1s 相对较强,而且氧化后的碳纤维的 N1s 向高能量处移动。这说明经浓硝酸氧化后,碳纤维表面的含氮化学结构及状态发生了变化。

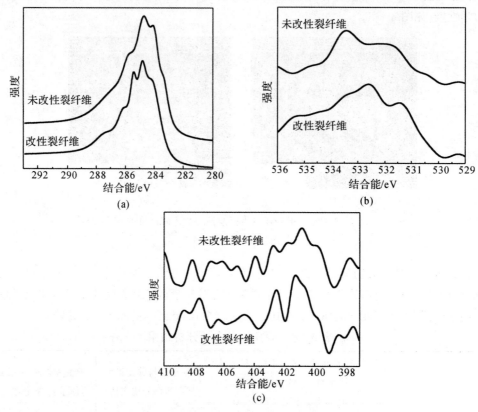

图 3-14   经硝酸氧化处理前后碳纤维的 XPS 谱图
(a)碳纤维的 C1s 谱;   (b)碳纤维的 O1s 谱;   (c) 碳纤维的 N1s 谱

总之,经浓硝酸氧化后,碳纤维的 C1s,O1s 和 N1s 光电子能谱产生了较大的改变,其原因是其表面出现了一些高能量的含氧官能团和含氮官能团,从而改变了其表面环境。这说明在碳纤维经浓硝酸氧化后,表面产生了一些新的、不能被完全除去的化学结构,这些结构有助于提高碳纤维与聚甲基丙烯酸甲酯基体的结合性能。

图 3-15 是碳纤维表面改性前、后所制备碳纤维/羟基磷灰石-聚甲基丙烯酸甲酯复合材料的断面的 SEM 照片。从图 3-15(a)可以看出,采用未经表面改性碳纤维制备的碳纤维/羟基磷灰石-聚甲基丙烯酸甲酯复合材料断面较平整,大部分纤维被拔出,纤维与基体之间存在明显间隙,说明纤维与基体的界面结合较弱,这对提高复合材料力学性能不利。从图 3-15(b)可以看出,经表面氧化后的碳纤维与基体的结合紧密,断裂面呈层状分布,部分纤维被拔出,少量纤维被拔断,而且拔出的纤维表面黏附有一定量的基体材料,纤维与基体之间的间隙消失,这说明在外加载荷作用时,碳纤维起到了很好的增强作用,有效地转移了载荷,这无疑会提高复合材料的力学性能。

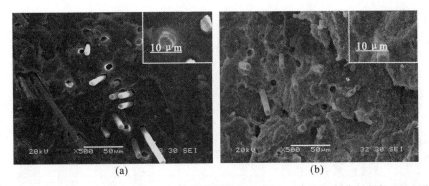

图 3-15 采用硝酸氧化处理前、后的碳纤维所制备 C_f/HA-PMMA 复合材料的 SEM 照片

(a)碳纤维表面改性前； (b)碳纤维表面改性后

3.5 引发剂质量分数对复合材料力学性能的影响

图 3-16～图 3-18 分别为碳纤维/羟基磷灰石–聚甲基丙烯酸甲酯复合材料的弯曲强度和弯曲模量、拉伸强度、压缩强度与引发剂过氧化苯甲酰质量分数的关系图。从图中可以看出,随着引发剂过氧化苯甲酰质量分数的增加,试样的整体力学性能也逐渐增大。引发剂过氧化苯甲酰质量分数为 1.6% 左右时,试样的力学性能同时达到最大值,其中弯曲强度为 129.6 MPa、弯曲模量为 4.5 GPa、拉伸强度为90.8 MPa、压缩强度为80.1 MPa。继续加大引发剂过氧化苯甲酰质量分数,试样的力学性能开始呈现下降趋势。这是因为随着引发剂过氧化苯甲酰质量分数的增加,由引发剂过氧化苯甲酰分解的活性自由基增多,使活性中心也增多,从而使反应生成的聚合物的相对分子质量增大,弯曲强度和模量呈现上升趋势。当引发剂过氧化苯甲酰质量分数超过最佳值 1.6% 时,由于引发剂过氧化苯甲酰的质量分数过大,分解的活性自由基过多,造成引发速度过快,聚合不充分,使聚合物分子链变短,相对分子质量减小,从而使复合材料的整体力学性能下降。

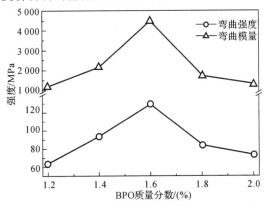

图 3-16 C_f/HA-PMMA 复合材料的弯曲强度、弯曲模量与引发剂 BPO 质量分数的关系

注:碳纤维质量分数为 4%,羟基磷灰石质量分数为 8%。

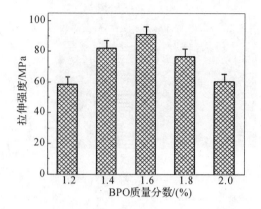

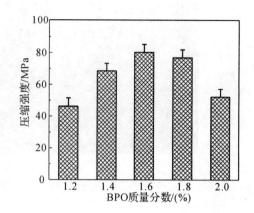

图 3-17 C$_f$/HA-PMMA 复合材料的拉伸
强度与引发剂 BPO 质量分数的
关系

注:碳纤维质量分数为 4%,羟基磷灰石质量
分数为 8%。

图 3-18 C$_f$/HA-PMMA 复合材料的压
缩强度与引发剂 BPO 质量分数
的关系

注:碳纤维质量分数为 4%,羟基磷灰石质
量分数为 8%。

根据聚甲基丙烯酸甲酯聚合反应动力学可知:

引发速率:

$$R_i = 2fK_d[I] \tag{3-8}$$

链增长速率:

$$R_p = K_p[M'][M] \tag{3-9}$$

终止速率:

$$R_t = 2K_p[M']^2 \tag{3-10}$$

聚合速率:

$$R = R_p = K_p\left(\frac{fK_d}{K_t}\right)[M][I]^{1/2} \tag{3-11}$$

将稳态假设 $[M'] = [R_i/(2K_t)]^{1/2}$ 代入聚分速率方程得

$$R = R_p = K_p\left(\frac{R_i}{2K_t}\right)^{1/2}[M] = K_p\left(\frac{fK_a}{2K_t}\right)^{1/2}[I]^{1/2}[M] \tag{3-12}$$

动力学链长可表示为增长速率与引发速率之比。而稳态时,引发速率 R_i 等于终止速率 R_t,则动力学链长可表示为

$$\nu = \frac{R_p}{R_i} = \frac{R_p}{R_t} = \frac{K_p[M]}{2K[M']} \tag{3-13}$$

式中 $f, [I], [M], [M'], \nu, K$——引发效率、引发剂的浓度、聚甲基丙烯酸甲酯单体的浓
度、自由基的浓度、动力学链长和速度常数;

d,i,p,t——引发剂、链分解、链引发、链增长和链终止。

将自由基质量分数和引发剂过氧化苯甲酰速率的关系式,$[M'] = (R_i/2K_i)^{1/2}$ 代入式 (3-12) 得

$$\nu = \frac{K_p[M]}{2K_t[M']} = \frac{K_p[M]}{(2K_t)^{1/2}} \cdot \frac{1}{R_i^{1/2}} \tag{3-14}$$

将引发剂引发时的速率 $R_i = 2fK_d[I]$ 代入式 (3-13) 得

$$\nu = \frac{K_p[M]}{2(fK_dK_t)^{1/2}} \cdot \frac{1}{[I]^{1/2}} \tag{3-15}$$

即动力学链长和单体质量分数成正比,而与引发剂过氧化苯甲酰质量分数的平方根成反比。

可见,随着引发剂过氧化苯甲酰质量分数的增加,动力学链长减小(动力学链长"ν"即从动力学角度计算每个分子链上具有的单体分子数)。由此可见,动力学角度分析与上述结果一致。

3.6 水油体积比对复合材料力学性能的影响

表 3-9 为水油体积比对复合材料力学性能的影响。随着水在反应环境中体积分数的增加,试样的力学性能也随之增大,当水油体积比达到 3∶1 时,试样的力学性能达到最大值——弯曲强度和弯曲模量分别为 129.6 MPa 和 4.5 GPa,拉伸强度和拉伸模量分别为 90.8 MPa 和 2.2 GPa,压缩强度和压缩模量分别为 80.1 MPa 和 2.4 GPa。继续增大反应环境中水的加入量,复合材料的力学性能开始呈现下降的趋势。这是因为在悬浮聚合的反应过程中,反应环境中水的加入量的增大,有利于传递反应过程中所产生的热量,促进单体甲基丙烯酸甲酯的扩散,从而使单体甲基丙烯酸甲酯的聚合更加充分,制备出结合更加紧密的基体;同时水体积分数的增大也加大了反应过程中预聚体胶粒之间的距离,延长了反应时间,使碳纤维在制备过程中充分分散,从而提高了材料的整体力学性能。但是反应环境中水的加入量过大时,在反应的初期热量传递不均匀,抑制了反应体系中各物质的扩散,尤其对引发剂过氧化苯甲酰的影响较大。引发剂过氧化苯甲酰分子处于单体或溶剂"笼子"包围之中,笼子内的引发剂过氧化苯甲酰分解成初级自由基以后,必须扩散出笼子,才能引发单体聚合,自由基在笼子内的平均寿命为 $10^{-11} \sim 10^{-9}$ s,如来不及扩散出来,就可能发生副反应,形成稳定分子,消耗了引发剂过氧化苯甲酰,使引发效率降低,引发剂过氧化苯甲酰分解的活性自由基减少从而导致聚合不充分。因此,当水油体积比超过 3∶1 时,复合材料的力学性能开始呈现下降的趋势。

表 3 - 9 水油体积比对 C_f/HA - PMMA 复合材料力学性能的影响

水油 体积比	弯曲强度 MPa	弯曲模量 GPa	拉伸强度 MPa	伸长率 %	弹性模量 GPa	压缩强度 MPa	压缩模量 GPa
1∶1	53.9	0.93	46.2	4.0	0.9	34.8	0.9
2∶1	80.1	1.7	72.4	4.6	1.1	65.6	2.1
3∶1	129.6	4.5	90.8	2.7	2.2	80.1	2.4
4∶1	92.8	0.7	68.3	5.1	1.5	63.5	2.1
5∶1	51.0	0.9	38.5	4.5	0.8	37.7	0.8

注:碳纤维质量分数为 4%,羟基磷灰石质量分数为 8%,引发剂 BPO 质量分数为 1.6%。

3.7 反应温度对复合材料力学性能的影响

图 3 - 19～图 3 - 21 分别为碳纤维/羟基磷灰石-聚甲基丙烯酸甲酯复合材料的弯曲强度及模量、拉伸强度及模量、压缩强度及模量与反应温度的关系图。从图中可以看出,随着温度的增加,试样的整体力学性能也逐渐增大。温度为 80℃ 左右时,试样的力学性能同时达到最大值。继续增加温度,试样的力学性能开始呈现下降趋势。温度对碳纤维/羟基磷灰石-聚甲基丙烯酸甲酯复合材料力学性能的影响主要体现在其对材料基体的聚合度和相对分子质量的影响上。聚合度和相对分子质量越大,材料的模量越大,材料的力学性能越佳。而材料的聚合度和相对分子质量又是受反应物(甲基丙烯酸甲酯)的转化率和温度这两个因素的综合作用影响,同时转化率和温度是成正比关系的。在温度较低的情况下,转化率起主要作用。随转化率的提高,聚甲基丙烯酸甲酯相对分子质量基本呈线性增加,因此材料的力学性能也不断增强。

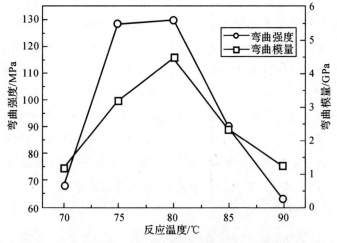

图 3 - 19 复合材料的弯曲强度、弯曲模量与温度的关系

注:碳纤维质量分数为 4%,羟基磷灰石质量分数为 8%,引发剂 BPO 质量分数为 1.6%。

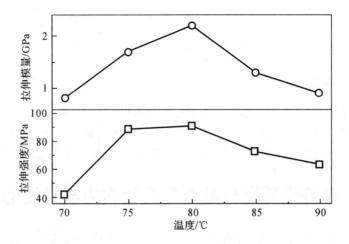

图 3-20 复合材料的拉伸强度、拉伸模量与温度的关系

注:碳纤维质量分数为4%,羟基磷灰石质量分数为8%,引发剂 BPO 质量分数为1.6%。

如图 3-19~图 3-21 所示,在 80℃之前,材料的力学性能随温度的上升而逐渐增强。在温度较高的情况下,转化率趋于 100%,已不再是主要影响因素,在这个阶段温度起主要作用。由于温度高,反应过程中生成过多的自由基使反应发生爆聚,从而使聚合物的相对分子质量下降。也可由自由基反应动力学方程式得知随反应温度的升高,聚甲基丙烯酸甲酯的相对分子质量降低,故材料的力学性能也随之降低。如图 3-19~图 3-21 所示在 80℃之后,材料的力学性能随温度的上升而逐渐降低。

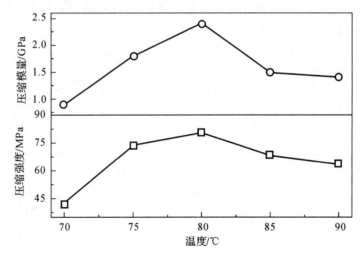

图 3-21 复合材料的压缩强度、压缩模量与温度的关系

注:碳纤维质量分数为4%,羟基磷灰石质量分数为8%,引发剂 BPO 质量分数为1.6%。

参照式(3-15),令 $K' = K_p/(K_d K_t)^{1/2}$,该值是表征动力学链长或聚合度的综合常数,相应的 Arrhenius 方程式代入:

$$K' = A'e^{-E/RT}$$

$$K' = A'e^{-E/RT} = \frac{A_p}{(A_d A_t)^{1/2}} \exp\left\{-\left[\left(E_P - \frac{1}{2}E_t\right) - \frac{1}{2}E_d\right]\Big/RT\right\} \tag{3-15}$$

$$E' = \left(E_p - \frac{1}{2}E_t\right) - E_d \tag{3-16}$$

E' 是影响聚合度的综合活化能，引发剂过氧化苯甲酰的 $E_d = 125.6\ \text{kJ/mol}$，聚甲基丙烯酸甲酯聚合时的增长活化能 $E_p = 26.4\ \text{kJ/mol}$，终止活化能 $E_t = 11.7\ \text{kJ/mol}$，那么 E' 为负值，结果式(3-16)中的指数为正值，表明温度升高，聚合度下降，相对分子质量下降。

3.8　碳纤维质量分数对复合材料力学性能的影响

图 3-22 为碳纤维质量分数对碳纤维/羟基磷灰石-聚甲基丙烯酸甲酯复合材料试样的弯曲强度和弯曲模量的影响。从图中可以看出，随着碳纤维质量分数的增加，试样的弯曲强度和弯曲模量增大，当碳纤维质量分数达到 4％时，试样的弯曲强度和模量均达到最大值 129.6 MPa 和 4.5 GPa。进一步增加碳纤维质量分数，试样的弯曲强度和模量开始呈下降趋势。这是因为碳纤维增强复合材料的力学性能不仅取决于增强纤维和基体的特性，同时也与碳纤维和基体间的界面结合强度有关。碳纤维质量分数较低时，在基体中分布均匀，与基体的结合性好，在复合材料受到外力的过程中，由于碳纤维和基体界面的协同作用，能够把应力转移到增强纤维上，也正是由于这种载荷转移，使碳纤维在复合材料中起到一定的增强作用，同时增加了复合材料断裂时所需要的功，从而提高了复合材料的弯曲强度。而碳纤维质量分数高于 4％时，碳纤维与基体间由于黏结变差，碳纤维的分散性变差，界面结合强度下降，缺陷增多，致使材料弯曲强度变差。

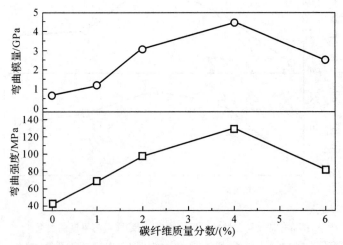

图 3-22　碳纤维质量分数对 C_f/HA-PMMA 复合材料的
弯曲强度和弯曲模量的影响

表 3-10 为碳纤维质量分数对复合材料拉伸性能的影响。碳纤维的质量分数在 4％时，

复合材料的拉伸强度最高,进一步增加碳纤维质量分数,其拉伸强度逐渐降低。碳纤维质量分数较低时,由于碳纤维的拉伸强度远远高于基体,而且在基体中分布均匀,因此其在复合材料中与基体结合良好,起到承受载荷的作用,达到增强的目的。当碳纤维的质量分数超过4%时,碳纤维在羟基磷灰石-聚甲基丙烯酸甲酯复合基体中的分散性变差,出现部分交错、聚集等缺陷,从而使复合材料整体的性能下降。此外,当碳纤维质量分数小于4%时,材料的弹性模量随碳纤维质量分数增加而不断增大,表明碳纤维的加入有助于提高复合材料弹性模量。而当碳纤维质量分数大于4%时,复合材料的弹性模量随之大幅度下降。不加入碳纤维时复合材料断裂伸长率较大,加入1%(质量分数)碳纤维就使其降低了约15%,这是因为碳纤维的加入束缚了基体原有的局部屈服能力,使材料的断裂伸长率下降。

表 3-10 碳纤维质量分数对 C_f/HA-PMMA 复合材料拉伸性能的影响

碳纤维质量分数/(%)	0	1	2	4	6
拉伸强度/MPa	23.38	30.39	40.29	90.8	40.07
伸长率/(%)	6.3	5.5	3.6	2.7	3.1
弹性模量/GPa	0.8	1.2	1.8	2.2	1.6

图 3-23 为碳纤维质量分数对碳纤维/羟基磷灰石-聚甲基丙烯酸甲酯复合材料压缩强度的影响。可以看出,碳纤维质量分数在4%时,复合材料的压缩强度最高达80 MPa,碳纤维质量分数小于4%时,材料的压缩强度随碳纤维质量分数增加而不断提高,表明碳纤维的加入有助于复合材料压缩强度的增加。当碳纤维质量分数大于4%时,复合材料的压缩强度随之增加而下降。出现这种情况的原因很多,一般来说,复合材料的压缩力学性能是碳纤维和树脂基体的力学性能共同起作用的结果,其中有碳纤维的力学强度高于羟基磷灰石-聚甲基丙烯酸甲酯复合基体材料的力学性能,当碳纤维的质量分数较低时,有利于碳纤维在基体中的分散及碳纤维与基体的结合,形成良好的界面,有效改善材料的压缩强度。当碳纤维质量分数高于4%时,碳纤维分散不均匀,缺陷增多,应力不能有利传递,致使材料力学性能下降。

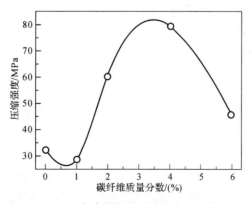

图 3-23 C_f/HA-PMMA 复合材料的压缩强度与碳纤维质量分数的关系

图 3-24 是不同碳纤维质量分数的碳纤维/羟基磷灰石-聚甲基丙烯酸甲酯复合材料的 SEM 照片。其中图 3-24(a)为碳纤维质量分数为 1% 的试样断面,图 3-24(b)为碳纤维质量分数为 4% 的试样断面,图 3-24(c)为碳纤维质量分数为 6% 的试样断面。由图3-24(a)和(b)可知,碳纤维质量分数分别为 1% 和 4% 时,碳纤维和纳米羟基磷灰石在聚甲基丙烯酸甲酯基体中分布均匀,质量分数适中,仅有少量碳纤维脱黏被拔出留下空洞,大多数碳纤维被部分拔出、拔断,而且断裂面层次分明,这说明所采取的合成工艺是可行的,而且碳纤维与基体黏结较好,碳纤维起到了增强的效果。

图 3-24　不同碳纤维质量分数的 C$_f$/HA-PMMA 复合材料的 SEM 照片
(a)碳纤维的质量分数为 1%；　(b)碳纤维的质量分数为 4%；　(c)碳纤维的质量分数为 6%

除此之外,在图 3-24(a)中,基体的断裂面呈现出多层断裂现象,说明复合材料具有一定的韧性,但此时碳纤维质量分数较少,对基体的增强效果不明显。从图 3-24(c)中可以看出,碳纤维的质量分数为 6% 时,碳纤维在基体中的分布明显增多,但此时断面碳纤维分布不是很均匀,存在部分碳纤维聚集现象,致使材料力学强度下降。

3.9　羟基磷灰石质量分数对复合材料力学性能的影响

图 3-25 为纳米羟基磷灰石的加入量对碳纤维/羟基磷灰石-聚甲基丙烯酸甲酯复合材料的弯曲强度和弯曲模量的影响。从图中可以看出,随着羟基磷灰石质量分数的增加,碳纤维/羟基磷灰石-聚甲基丙烯酸甲酯复合材料的弯曲强度和模量均呈先增加后减小的趋势。当羟基磷灰石质量分数为 8% 时,复合材料的弯曲强度和模量最高达 129.6 MPa 和 4.5 GPa。这是由于羟基磷灰石的粒径小,比表面积大,与基体有更大的接触面积,而且经过卵磷脂接枝改性后,表面的活性官能团增加,显著改善了纳米羟基磷灰石与基体聚甲基丙烯酸甲酯的界面结合性能。当羟基磷灰石质量分数小于 8% 时,其在聚甲基丙烯酸甲酯基体中分散良好,能够起到很好的应力分散和传递作用,从而达到增强的目的,但质量分数较小,增强效果不明显。当羟基磷灰石的质量分数超过 8% 时,其在聚甲基丙烯酸甲酯基体中分布不均匀,出现部分团聚现象,引起应力集中,导致复合材料整体力学性能下降。

图 3-26 为羟基磷灰石质量分数对碳纤维/羟基磷灰石-聚甲基丙烯酸甲酯复合材料拉伸强度和拉伸模量的影响。从图中可以看出,随着羟基磷灰石质量分数的增加,试样的拉伸强度和拉伸模量逐渐增大。当羟基磷灰石的质量分数为 8% 时,试样的拉伸强度和拉伸模

量达到最大值分别为 90.1 MPa 和 2.2 GPa。继续增加羟基磷灰石的质量分数,试样的拉伸强度和拉伸模量均开始下降。这可能是因为在拉伸过程中,复合材料中的各个相界面相互依赖且又部分独立地起着传递拉伸应力的作用。羟基磷灰石质量分数较小时,在基体中分布均匀且纳米羟基磷灰石的粒径小,与基体的接触面积大,再加上表面改性剂卵磷脂的桥联作用,使羟基磷灰石和基体界面黏合性好,能有效传递拉伸应力,从而起到增强的作用。当羟基磷灰石质量分数超过 8% 时,羟基磷灰石出现部分团聚现象,这些不可避免的团聚使之形成较大的相畴,这些相畴分布于聚甲基丙烯酸甲酯基体中,产生了黏结差的场合,填料羟基磷灰石不能通过界面层传递应力,使得试样在拉伸过程中,其横截面的有效承载面积随着填料羟基磷灰石加入量的增加而减小,反而成为材料破坏的薄弱环节,形成应力集中区。在该区域附近,材料所受的实际应力可能超过表观平均应力的几十倍甚至上百倍。当应力到达一定值时,就会引发出微裂纹,成为材料最终断裂的起源,造成材料拉伸性能的降低。

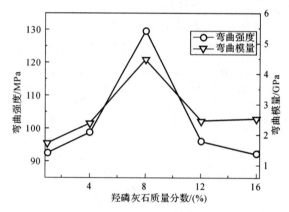

图 3-25 Cf/HA–PMMA 复合材料的弯曲强度、弯曲模量与羟基磷灰石质量分数的关系

注:碳纤维质量分数为 4%,引发剂 BPO 质量分数为 1.6%。

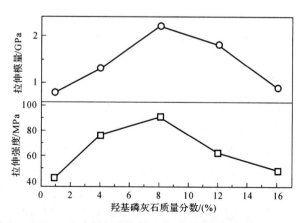

图 3-26 Cf/HA–PMMA 复合材料的拉伸强度、拉伸模量与羟基磷灰石质量分数的关系

注:碳纤维质量分数为 4%,引发剂 BPO 质量分数为 1.6%。

图 3-27 为纳米羟基磷灰石的加入量对碳纤维/羟基磷灰石-聚甲基丙烯酸甲酯复合材料的压缩强度、压缩模量的影响。从图中可以看出,羟基磷灰石质量分数在 8% 时,复合材料的压缩强度和模量达 80.1 MPa 和 2.4 GPa。复合材料的压缩强度的影响因素较为复杂,基体模量增加有利于压缩强度的提高,但模量高的基体往往容易在复合材料中产生较大的残余应力而导致材料及早破坏,使压缩强度降低。提高基体的韧性能使部分残余应力松弛,对提高压缩强度有利,但基体韧性的增加往往会伴随着模量降低,因而复合材料压缩强度是基体模量和韧性达到均衡时的综合效果。羟基磷灰石质量分数小于 8% 时,材料的压缩强度随羟基磷灰石质量分数增加显著增强,而对基体模量影响不大,这是由于羟基磷灰石质量分数较低时,羟基磷灰石在聚甲基丙烯酸甲酯基体中分散均匀,而且由于羟基磷灰石的粒径小,比表面积大,与基体的结合性好。在对基体模量影响不大的同时,纳米羟基磷灰石也可对基体产生比较显著的增韧效果,从而使基体中的残余应力得到松弛,提高了压缩强度。当羟基磷灰石质量分数超过 8% 时,复合材料的压缩强度和模量开始下降,这是由于随着羟基磷灰石的不断增加,羟基磷灰石在基体中分布不均,产生了部分团聚,影响了羟基磷灰石和基体的结合性从而导致了基体模量的下降,进而导致了压缩强度的下降。

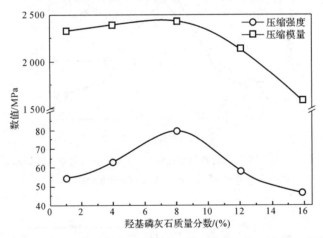

图 3-27 C_f/HA-PMMA 复合材料的压缩强度、压缩模量与羟基磷灰石质量分数的关系

注:碳纤维质量分数为 4%;引发剂 BPO 质量分数为 1.6%。

图 3-28 是不同质量分数羟基磷灰石的碳纤维/羟基磷灰石-聚甲基丙烯酸甲酯复合材料断面的 SEM 照片。从图 3-28(a) 中可以看出,当羟基磷灰石质量分数为 8% 时,羟基磷灰石以纳米颗粒的形式均匀分布于聚甲基丙烯酸甲酯基体中,且此时羟基磷灰石质量分数适中,无团聚等缺陷存在,复合材料断面呈多层次断裂特征,充分说明羟基磷灰石与聚甲基丙烯酸甲酯基体界面结合良好,从而起到了增强的效果。从图 3-28(b) 可知,随着羟基磷灰石质量分数增加到 16%,由于羟基磷灰石质量分数较高,在基体中分布不均,而且有部分纳米片团聚现象,由此产生的应力集中使碳纤维/羟基磷灰石-聚甲基丙烯酸甲酯复合材料整体力学性能下降。

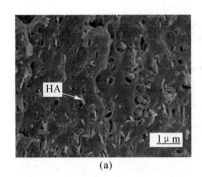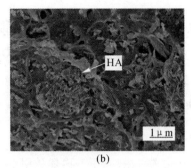

图 3 - 28　C_f/HA - PMMA 复合材料的断面 FE - SEM 照片

(a)羟基磷灰石的质量分数为 8%；　(b) 羟基磷灰石的质量分数为 16%

注:碳纤维质量分数为 4%,引发剂 BPO 质量分数 1.6%。

3.10　搅拌速度对复合材料力学性能的影响

　　表 3 - 11 为原位悬浮聚合反应过程中,不同搅拌速度下制备的碳纤维/羟基磷灰石-聚甲基丙烯酸甲酯复合材料的力学性能。从表中可以看出,在聚甲基丙烯酸甲酯悬浮聚合不同时期,搅拌速度经相应调整后制备的复合材料明显优于搅拌速度未调整的力学性能。这是因为在原位悬浮聚合反应诱导期和初期,由于笼蔽效应——引发剂分子处于单体或溶剂"笼子"包围之中,笼子内的引发剂分解成初级自由基以后,必须扩散出笼子,才能引发单体聚合。自由基在笼子内的平均寿命约为 $10^{-11} \sim 10^{-9}$ s,如果不能及时扩散出"笼子",其可能发生副反应,形成稳定分子,消耗了引发剂,使引发效率降低,引发剂分解的活性自由基减少,导致聚合物相对分子质量的下降。因此在原位悬浮聚合反应初期,应当适当地提高搅拌速度,本实验将搅拌速度控制在 500 r/min。在原位悬浮聚合反应中期,由于黏度的不断增加出现了反应自动加速现象,聚合速度骤然加快,转化率在几分钟之内由 5% ~ 10% 迅速增加至 50% ~ 70%。由于聚合速度过快,会导致相对分子质量的降低,因此这时应降低搅拌速度,搅拌速度调整到 200 r/min。在原位悬浮聚合反应后期,聚合速率逐渐转慢,当转化率到达 90% ~ 95% 以后,速率变得很小,这时将搅拌速度应调整到 300 r/min。实验结果证明,搅拌速度经过调整后制得的复合材料力学性能优于未经调整的。

表 3 - 11　不同搅拌速度下的力学性能

搅拌速度 r·min^{-1}	弯曲强度 MPa	弯曲模量 GPa	拉伸强度 MPa	伸长率 （%）	弹性模量 GPa	压缩强度 MPa	压缩模量 GPa
$v_{调整}$	129.6	4.5	90.8	2.7	2.2	80.1	2.4
$v=200$	84.2	1.7	66.6	5.4	0.91	65.6	2.1
$v=300$	112.4	3.9	72.8	2.6	1.87	68.9	2.3
$v=500$	99	2.1	57.4	3.7	1.58	58.4	2.1

注:碳纤维质量分数为 4%,羟基磷灰石质量分数为 8%,引发剂 BPO 质量分数 1.6%。

3.11 碳纤维增强羟基磷灰石‑聚甲基丙烯酸甲酯 生物复合材料体外浸泡性能研究

3.11.1 吸水性和质量变化

1.吸水率测定

图 3‑29 是碳纤维/聚甲基丙烯酸甲酯复合材料和碳纤维/羟基磷灰石‑聚甲基丙烯酸甲酯复合材料以及聚甲基丙烯酸甲酯基体在磷酸盐缓冲溶液中的吸水率变化曲线。从图中可以看出,碳纤维/羟基磷灰石‑聚甲丙烯酸甲酯,碳纤维/聚甲基丙烯酸甲酯复合材料和聚甲基丙烯酸甲酯在第 1 周的吸水率均增加较快,从 0 上升到 1.0%,在第 2 周内吸水率略有增加,但增速变缓。第 10 天后,复合材料和单纯聚甲基丙烯酸甲酯的吸水率趋于饱和。除此之外,通过比较可以发现,相比于单纯聚甲基丙烯酸甲酯和不含羟基磷灰石的碳纤维/聚甲基丙烯酸甲酯复合材料,加入了羟基磷灰石的碳纤维/羟基磷灰石‑聚甲丙烯酸甲酯表现出最大的吸水率,这可能是亲水性的羟基磷灰石加入所导致的。但从图中的变化趋势来看,碳纤维/羟基磷灰石‑聚甲基丙烯酸甲酯复合材料的绝对吸水率较低,不会超过1.1%,这是有利于复合材料的性能的。因为在骨组织修复材料的应用中,一定的吸水率可以促进修复材料与骨的键合,加快成骨细胞的增殖分化,有利于伤口愈合。但究竟保持多少吸水量对材料既能较好保持其稳定性又能很好地发挥其作用还有待研究。

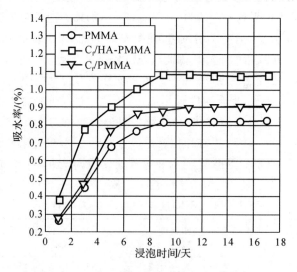

图 3‑29 试样在磷酸盐缓冲溶液中的吸水率

2.质量变化

碳纤维/羟基磷灰石‑聚甲基丙烯酸甲酯复合材料(含 8%和 16%羟基磷灰石)和聚甲基丙烯酸甲酯在去离子水、生理盐水和柠檬酸缓冲液中浸泡后质量损失如图 3‑30 所示。

从图(a)(b)(c)可以看出,含 16% 羟基磷灰石的复合材料在去离子水、生理盐水和柠檬酸溶液浸泡 1 周后,质量损失都很少,在 12 周时失重率分别为 1.13%,1.21%,1.61%,纯聚甲基丙烯酸甲酯在三种介质中几乎没有质量的变化。这说明纯聚甲基丙烯酸甲酯在浸泡过程中是比较稳定的,没有产生降解失重现象。复合材料质量有变化,这可能与复合材料中的羟基磷灰石在溶液中有一定的溶解有关。复合材料中表面羟基磷灰石的微量溶解使复合材料产生质量损失。表面羟基磷灰石可缓慢溶解出 Ca^{2+},HPO_4^{2-},PO_4^{3-} 和 OH^- 等离子基团,使得材料表面羟基磷灰石渐渐减少,从而导致材料质量的微量减少。从图 3-30 中还可看出,质量分数为 16% 羟基磷灰石的复合材料的失重要比 8% 羟基磷灰石复合材料大些,这可能是因为前者含羟基磷灰石较多的缘故。

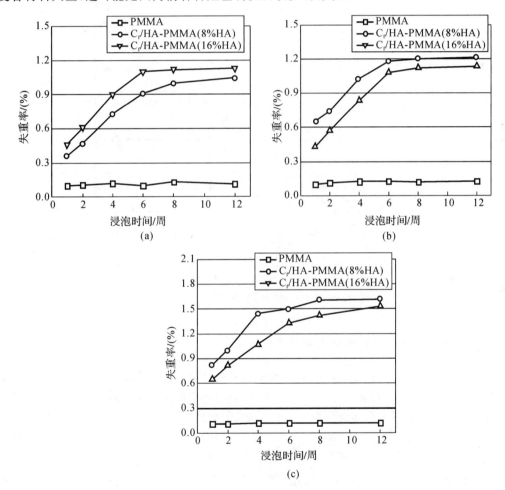

图 3-30　$C_f/HA-PMMA$ 复合材料和聚甲基丙烯酸甲酯
在不同介质中浸泡后的失重率
(a)去离子水; (b)生理盐水; (c)柠檬酸缓冲液

图 3-31 为羟基磷灰石质量分数为 16％的碳纤维/羟基磷灰石-聚甲基丙烯酸甲酯复合材料在不同介质中浸泡后的失重率。从图中可以看出，复合材料在去离子水、生理盐水及柠檬酸缓冲液中的质量减少值有所不同，这可能与介质中化学组成有关。在去离子水和生理盐水中，由于介质中不含或含少量离子，材料与介质不发生或极少发生离子交换，因此复合材料表现出的失重率较小。此时的失重可能只与材料中羟基磷灰石的微量溶解有关。在生理盐水中复合材料的失重大于在去离子水中的失重，这是由于羟基磷灰石的溶解性在氯化钠溶液中大于在纯水中溶解性的缘故。在柠檬酸缓冲液介质中，复合材料失重明显大于前两种介质，这是因为复合材料中的羟基磷灰石在酸性介质中具有更大的溶解度。

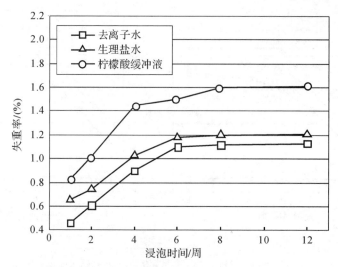

图 3-31 C_f/HA-PMMA 复合材料（羟基磷灰石质量分数为 16％）
在不同介质中浸泡后的失重率

3.11.2 复合材料表面形貌和结构

图 3-32 分别为纯聚甲基丙烯酸甲酯和羟基磷灰石质量分数为 16％的碳纤维/羟基磷灰石-聚甲基丙烯酸甲酯复合材料在生理盐水中浸泡前后的表面形貌图。复合材料表面与纯聚甲基丙烯酸甲酯表面形貌有一定差异，前者较粗糙，后者表面光洁。从图中可以看出，聚甲基丙烯酸甲酯在生理盐水中浸泡 1～12 周后表面形貌与未浸泡前没有明显变化。而碳纤维/羟基磷灰石-聚甲基丙烯酸甲酯复合材料在生理盐水中浸泡时，在前 1～8 周时间范围内，其表面与未浸泡前相比，无明显变化，但从第 12 周开始，其表面出现一些粒状物，在 18 周时，这些粒状物发展成片状。但总的来说，复合材料表面变化不大，这可能是由于随着时间的延长，复合材料在生理盐水溶液中开始溶胀，使材料表面结构出现不均匀的突起。由于生理盐水中不含 Ca^{2+}，HPO_4^{2-}，在材料表面没有发生明显离子交换与沉积。从整个浸泡过程来看，纯聚甲基丙烯酸甲酯与复合材料表面结构没有发生改变，材料保持良好的表面稳定性。

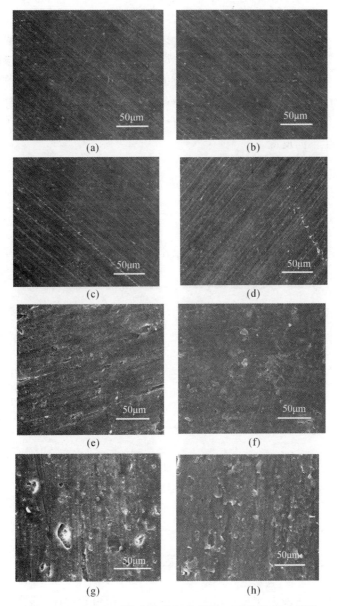

图 3 − 32   聚甲基丙烯酸甲酯和 C_f/HA − PMMA 复合材料
（羟基磷灰石的质量分数为 16%）在生理盐水中浸泡前后的 SEM 照片
(a)PMMA, 0 周；　(b) PMMA, 1 周；
(c)PMMA, 8 周；　(d)PMMA, 12 周；
(e)C_f/HA − PMMA, 0 周；　(f)C_f/HA − PMMA, 1 周；
(g)C_f/HA − PMMA, 8 周；　(h))C_f/HA − PMMA, 12 周

为了进一步研究碳纤维/羟基磷灰石-聚丙烯酸甲酯复合材料的稳定性,取羟基磷灰石质量分数为16％的复合材料在酸性介质中进行实验。图3-33是复合材料在柠檬酸缓冲溶液中浸泡1周、4周、8周、12周后的表面形貌。从图中可以看出,浸泡1周后,材料表面光滑平整,无明显变化。4周时,复合材料表面出现较疏松的突起,但其边缘仍与基体结合紧密。8周时可见材料表面疏松的突起较多,有块状颗粒已经与基体脱离,而当浸泡时间延长到12周时,材料表面的突起范围更大,连成大片状。这可能是由于随着浸泡时间的延长,材料表面吸水以及羟基磷灰石的溶解,使复合材料致密表面发生溶胀而变得疏松。综合上述分析可以看出,浸泡介质化学组成不同以及材料表面成分不同都可能引起材料表面发生不同反应。

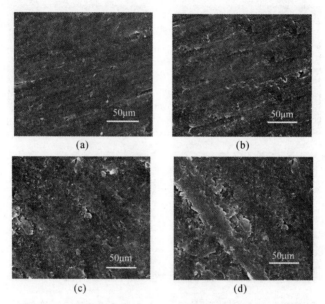

图3-33　C_f/HA-PMMA复合材料(羟基磷灰石的质量分数为16％)
在柠檬酸缓冲液中浸泡后的 SEM 照片
(a)1周；　(b)4周；　(c)8周；　(d)12周

3.12　复合材料体外生物活性研究

生物材料的生物活性表现为有利于植入材料与活体组织形成牢固键合的特性。而非生物活性的材料在植入后与活体组织界面处则形成非黏附的纤维组织层。

已有大量的体外模型和方法被用于生物材料的表面生物活性研究,其中模拟人体血清无机离子成分的模拟体液已被普遍使用并成为材料表面生物活性研究的经典方法。为此,本章通过模拟体液浸泡实验对碳纤维/羟基磷灰石-聚甲基丙烯酸甲酯复合材料的生物活性进行了研究。

3.12.1 体外浸泡实验

将碳纤维/羟基磷灰石-聚甲基丙烯酸甲酯试样用砂纸打磨后,在 70% 的无水乙醇中用超声波清洗,然后用去离子水漂洗干净,在真空干燥箱中 60℃ 干燥 24 h。将干燥后的试样浸泡于定量模拟体液中,密闭后置于 76-1A 型恒温水浴槽(37℃±0.5℃),每周更换模拟体液,于 1 周、2 周、3 周、4 周分别取样,进行如下检测:

第一,采用 X 射线衍射仪对材料进行 XRD 分析测试,分析浸泡后试样的物相成分变化;

第二,利用扫描电镜对材料形貌表面进行矿化分析;

第三,使用万分之一天平测试材料浸泡前、后的质量变化;

第四,采用万能材料试验机测试试样浸泡前、后弯曲强度的变化。

3.12.2 浸泡前、后碳纤维/羟基磷灰石-聚甲基丙烯酸甲酯复合材料质量变化

图 3-34 为碳纤维/羟基磷灰石-聚甲基丙烯酸甲酯复合材料在模拟体液中浸泡不同时间后的质量变化关系图。由图中可以看出,在初始阶段,复合材料的质量有轻微的下降,随后急剧上升,到达 28 天的时候,其质量比浸泡前的质量增加了约 1%,由此可以认为,碳纤维/羟基磷灰石-聚甲基丙烯酸甲酯复合材料在浸泡实验中具有良好的生物活性。浸泡初期,复合材料的质量略有下降,第 7 天时,复合材料的质量下降到最低点。从第 7 天到第 14 天,复合材料失重的情况有所扭转,质量增加速度较快,到 14 天时,复合材料质量几乎和浸泡前的质量相同。从 14 天到第 21 天,复合材料质量进一步急剧增加。从第 21 天到第 28 天,虽然复合材料的质量仍有继续增加的现象,但是增加速度渐趋缓慢。由于聚甲基丙烯酸甲酯是一种非降解聚合物,可以认为它在整个浸泡过程中是一种恒重的状态。在整个浸泡周期内,复合材料的质量变化经历了一个轻微下降再上升的过程,在浸泡第 7 天的时候,达到质量最低点。这可能是因为复合材料表面的羟基磷灰石溶解导致的,由于刚开始浸泡到第 7 天的时候羟基磷灰石的溶解速率超过了模拟体液离子沉积的速率,从而导致复合材料的质量有略微的下降,因而表现为轻微的减重。在浸泡 7 天以后,复合材料的质量开始呈现上升的趋势,到了第 14 天的时候已经和浸泡前复合材料的质量相当,这是随着浸泡时间的增长,钙、磷等离子的沉积速率逐渐增大导致的结果。

3.12.3 碳纤维/羟基磷灰石-聚甲基丙烯酸甲酯复合材料浸泡不同时间的 XRD 分析

图 3-35 为碳纤维/羟基磷灰石-聚甲基丙烯酸甲酯复合材料在模拟体液中浸泡不同时间后的 XRD 图谱。从图中可以看出,浸泡前,归属于羟基磷灰石的衍射峰比较尖锐;浸泡 7 天后,羟基磷灰石衍射峰强度略有增加,与浸泡前相比没有太大变化;浸泡 14 天后,羟基磷灰石衍射峰峰型宽化,(112)晶面衍射峰消失,主峰形状不明晰;浸泡 21 天后,羟基磷灰石衍射峰增强,并在衍射角为 25.9° 的位置出现了新衍射峰,用布拉格公式计算其晶面间距约为 0.344 mm,归属于羟基磷灰石的(002)晶面;到第 28 天时,(002)晶面衍

射峰强度继续增大,同时可分辨出(112)及(211)晶面。这说明复合材料中的羟基磷灰石经历了一个晶格发育完好到晶格破坏、呈无定形磷灰石再重新转变为结晶性羟基磷灰石的过程。而且随着浸泡时间的增长,浸泡衍射峰强度不断提高,可认为是材料中无机矿物的沉积非常旺盛。这与图 3-34 所示的质量变化分析基本一致。

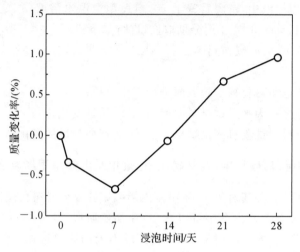

图 3-34　C_f/HA-PMMA 复合材料在模拟体液中浸泡不同时间的质量变化

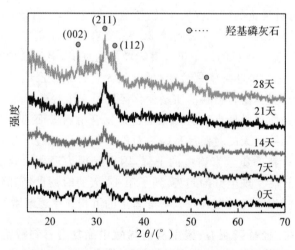

图 3-35　C_f/HA-PMMA 复合材料在模拟体液中浸泡不同时间的 XRD 图谱

3.12.4　碳纤维/羟基磷灰石-聚甲基丙烯酸甲酯复合材料浸泡后的表面形貌

图 3-36 为碳纤维/羟基磷灰石-聚甲基丙烯酸甲酯复合材料在模拟体液中浸泡不同时间后的 SEM 图。从图 3-36(a)可以看出,当复合材料在模拟体液中浸泡 7 天时,基底上有均匀分布的白色矿物,试样的表面有少量零星散落着的羟基磷灰石沉积物,但此时沉积并不显著。从图 3-36(b)可以看出,当浸泡时间为 14 天时,试样表面形貌与浸泡 7 天

时的相似,不同的是试样表面沉积物明显增多,矿物分布密度较 7 天时高,且分布均匀。到第 21 天时,材料表面出现独立的、形状不规则的岛状矿物沉积,表面沉积物呈现较为密集的分布,如图 3 - 36(c)所示。进一步放大之后观察,如图 3 - 36(d),表面矿物已经连成一片,这说明碳纤维/羟基磷灰石-聚甲基丙烯酸甲酯复合材料已经有了较好的生物活性。从图 3 - 36(e)可以看出,当复合材料在模拟体液中浸泡 28 天时,试样表面的不规则岛状结构连成片,覆盖整个材料表面。这说明复合材料具有很好的生物活性。而从其进一步放大的图 3 - 26(f)中可以发现,此时材料表面出现较为明显的空洞,且较小的空洞分布比较密集。这可能是羟基磷灰石的溶解造成的。

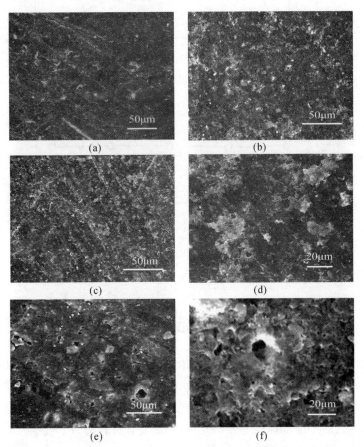

图 3 - 36　C_f/HA - PMMA 复合材料在模拟体液中浸泡后的 SEM 图
(a) 7 天(×500)；　(b) 14 天(×500)；　(c) 21 天(×500)；　(d) 21 天(×2 000)；
(e) 28 天(×500)；　(f)28 天(×2 000)

3.12.5　碳纤维/羟基磷灰石-聚甲基丙烯酸甲酯复合材料浸泡前后的弯曲强度分析

图 3 - 37 为浸泡时间与碳纤维/羟基磷灰石-聚甲基丙烯酸甲酯复合材料弯曲强度和弯曲模量的关系图。从图中可以看出,随着浸泡时间的延长,复合材料的弯曲强度和弯曲

模量基本没有变化,试样的弯曲强度和模量均呈现一条水平的线性趋势,说明复合材料的界面结合没有遭到破坏。这是因为该复合材料为致密材料,基体聚甲基丙烯酸甲酯和碳纤维均是不可降解材料。虽然在模拟体液中浸泡初期材料表面有少量羟基磷灰石溶解,但是随着浸泡时间延长,新的类骨磷灰石会逐渐生成并包裹在材料的表面,因此复合材料的结构并不会因浸泡而发生破坏。故碳纤维/羟基磷灰石-聚甲基丙烯酸甲酯复合材料的力学性能不会因为在模拟体液中的浸泡而下降。由此可以看出,本实验所制备的碳纤维/羟基磷灰石-聚甲基丙烯酸甲酯复合材料具有较好的生物力学性能。

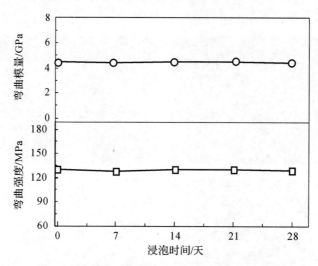

图 3-37 浸泡时间与 C_f/HA-PMMA 复合材料
弯曲强度和弯曲模量的关系图

3.13 结　　论

（1）本章研究了碳纤维表面改性对碳纤维/羟基磷灰石-聚甲基丙烯酸甲酯复合材料力学性能的影响。与未经表面处理的碳纤维相比,通过浓硝酸和二甲基亚砜处理的碳纤维表面出现了高能量的含氧官能团和含氮官能团,其表面粗糙度增加,这可以显著改善碳纤维与聚甲基丙烯酸甲酯基体的界面结合性,提高复合材料的力学性能。除此之外,纳米羟基磷灰石经卵磷脂表面改性后,有效阻止了其在复合材料中的团聚,基体中的分散性显著提高,且卵磷脂包裹在羟基磷灰石表面,改善其和聚甲基丙烯酸甲酯基体的界面结合性,大大提高了复合材料的综合力学性能。

（2）本章研究了合成工艺因素对碳纤维/羟基磷灰石-聚甲基丙烯酸甲酯复合材料力学性能的影响。在一定范围内,分别增加碳纤维质量分数、引发剂过氧化苯甲酰质量分数、水油体积比、纳米羟基磷灰石的质量分数和聚合反应温度,复合材料的力学强度和模量均呈现先增大后减小趋势。当碳纤维和羟基磷灰石的质量分数分别为 4% 和 8%,引发剂过氧化苯甲酰质量分数为 1.6%,水油体积比为 1∶3 和聚合反应温度为 80℃时,复合材料的力学强度和模量几乎同时出现最佳值——弯曲强度和弯曲模量分别为129.6 MPa和4.5 GPa,拉伸强度和弹性模量分别为90.8 MPa和2.2 GPa,压缩强度和压缩模量分别为80.1 MPa和2.4 GPa。

(3)通过比较纯聚甲基丙烯酸甲酯、碳纤维/聚甲基丙烯酸甲酯和碳纤维/羟基磷灰石-聚甲基丙烯酸甲酯复合材料在不同浸泡环境中的行为,发现在磷酸盐缓冲溶液环境中,复合材料的吸水率稍高于纯聚甲基丙烯酸甲酯,说明羟基磷灰石的加入增加了聚甲基丙烯酸甲酯的吸水性,这有利于材料与骨的键合。除此之外,体外浸泡实验表明纯聚甲基丙烯酸甲酯和碳纤维/羟基磷灰石-聚甲基丙烯酸甲酯复合材料的表面形貌在生理盐水和柠檬酸溶液浸泡前后没有明显改变。

(4)采用模拟体液浸泡实验研究了碳纤维/羟基磷灰石-聚甲基丙烯酸甲酯复合材料的生物性能,对复合材料在模拟体液中浸泡前后的质量变化、组成结构、表面形貌以及弯曲性能进行了研究测试,发现随着碳纤维/羟基磷灰石-聚甲基丙烯酸甲酯复合材料在模拟体液中浸泡时间的增长,复合材料的质量变化经历了一个轻微下降再上升的过程。结合碳纤维/羟基磷灰石-聚甲基丙烯酸甲酯复合材料在浸泡过程中的XRD分析结果,发现复合材料中的羟基磷灰石经历了一个晶格发育完好到晶格破坏、由无定形磷灰石再重新转变为羟基磷灰石晶体的过程。而且随着浸泡时间的增长,在材料表面出现羟基磷灰石沉积物,说明复合材料具有一定的生物活性。而浸泡前后,复合材料的弯曲强度和弯曲模量几乎没有变化,说明模拟体液的浸泡对碳纤维/羟基磷灰石-聚甲基丙烯酸甲酯复合材料的力学性能没有影响。

参 考 文 献

[1] WAN C, QIAO X, ZHANG Y, et al. Effect of different clay treatment on morphology and mechanical properties of PVC-clay nanocomposites[J]. Polymer Testing, 2003, 22(4):453-461.

[2] 梁辉,卢江. 高分子化学基础[M]. 北京:化学工业出版社,2006,1(3):312-530.

[3] ALEXANDRE M, DUBOIS P. Polymer-layered silicate nanocomposites: preparation, properties and uses of a new class of materials[J]. Materials Science & Engineering R, 2000, 28(1-2):1-63.

[4] 黄岐普,刘青,翁志学,等. 自由基聚合中扩散效应分析[J]. 高分子通报,2001,(6):66-70.

[5] JIA Z, WANG Z, XU C, et al. Study on poly(methyl methacrylate)/carbon nanotube composites[J]. Materials Science & Engineering A, 1999, 271(1-2):395-400.

[6] 秦霁光,郭文平,张政. 高转化自由基本体聚合的数学模拟——三段聚合模型Ⅲ临界转化率的通用关联式[J]. 石油化工,2001,30(3):193-199.

[7] 祝爱兰,钟宏. 悬浮聚合法制取不同分子量级别的聚甲基丙烯酸甲酯[J]. 应用化工,

2001,30(5):21 - 23.

[8] GUPTA N，KISHORE，WOLDESENBET E，et al. Studies on compressive failure features in syntactic foam material[J]. Journal of Materials Science，2001，36(18):4485 - 4491.

[9] GUPTA N，WOLDESENBET E，KISHORE. Compressive fracture features of syntactic foams - microscopic examination[J]. Journal of Materials Science，2002，37(15):3199 - 3209.

[10] BUCHOLZ R W. Clinical experience with bone graft substitutes[J]. Journal of Orthopaedic Trauma，1987，1(3):260 - 262.

第4章
纤维增强羟基磷灰石–壳聚糖生物复合材料

壳聚糖材料在生物医学上有广泛的用途,如术后防黏连膜、药物控制释放载体、毒物吸附分离剂和骨科修复支架等。但是有关壳聚糖三维棒材、板材的研究还很少。张建湘等制备了壳聚糖接骨钉,其抗张强度为 43.3 MPa,剪切强度为 46 MPa,但并未报道其他力学性能。羟基磷灰石是天然骨组织的重要组成部分,因其良好的骨传导性和骨诱导作用常被用作骨替代材料。近年来的研究表明,将壳聚糖与羟基磷灰石复合,有助于提高壳聚糖材料的强度,提高材料的骨结合能力和生物相容性。同时,通过引入纤维作为增强相,可以进一步提高其力学性能。涂献玉制备了碳纤维/壳聚糖材料,测试结果证明其具有很好的生物相容性。万涛等人用玻璃纤维制备出纤维增强聚甲基丙烯酸甲酯–羟基磷灰石复合材料,取得了较好的效果。曹丽云也曾用加入氧化锆短纤维的方法来增强聚甲基丙烯酸甲酯–聚丙烯酸甲酯复合材料的力学性能。

4.1　壳聚糖简介

壳聚糖是由甲壳素部分脱乙酰基得到的。甲壳素主要存在海洋生物的甲壳中。制备壳聚糖的过程为:将海洋生物的甲壳经过稀酸脱出碳酸钙,稀碱脱去蛋白质,0.5％高锰酸钾溶液或草酸等脱色得到甲壳素,再将甲壳素在热的浓碱溶液(40％～50％)中脱乙酰基,最后得到壳聚糖(见图 4-1)。由于分子间强烈的氢键作用(主要是 C_3 上羟基 O_3 与相邻环上 O_5 形成氢键,见图 4-2),壳聚糖不溶于通常的有机溶剂和水,而且加热不熔化,高温下则直接碳化。这给壳聚糖的成型加工带来困难,也限制其广泛应用。壳聚糖仅仅溶于有机酸溶液,特别是稀乙酸溶液。这是因为壳聚糖侧链上氨基被质子化后破坏了壳聚糖分子间的氢键,故壳聚糖能在稀乙酸溶液中溶解。

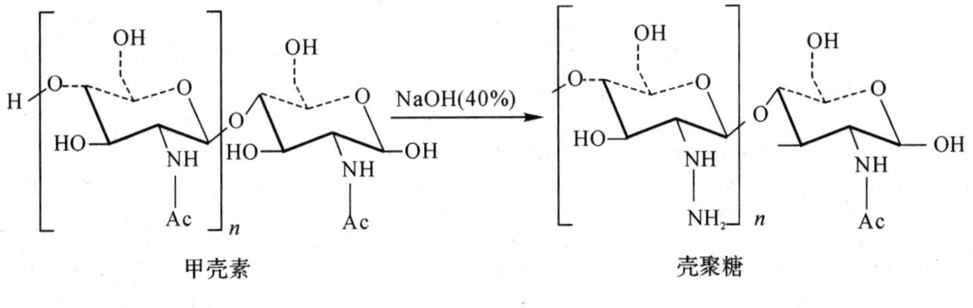

图 4-1　甲壳素制备壳聚糖示意图

在稀的(浓度低于 0.5 g/L)壳聚糖乙酸溶液中,壳聚糖分子链上的氨基质子化程度高,分子内带电基团之间存在静电排斥,使壳聚糖分子形成舒展的链构象。当壳聚糖质量浓度增加,壳聚糖分子链之间间距缩短,带电分子链之间静电排斥作用增加,加上乙酰基之间形成疏水相互作用和氢键作用,壳聚糖分子链构象发生卷曲,形成无规线团。当壳聚糖质量浓度继续增加时(1.0 g/L),线团将趋于紧密,壳聚糖溶液形成非均相体系,某些微区形成疏水区。当壳聚糖质量浓度大于 1.0 g/L 时,线团之间将出现相互缠结。本章中所用的 4%的壳聚糖溶液质量浓度约为 40.0 g/L。

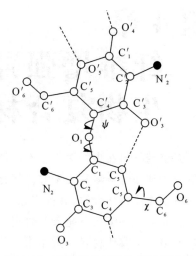

图 4-2　壳聚糖化学结构原子序数图

壳聚糖脱乙酰度(Deactylation of Degree,D. D)定义为壳聚糖分子中,脱去乙酰基的链节数占所有链节数的百分比。壳聚糖脱乙酰度直接决定其分子链上氨基($-NH_2$)含量的多少,也影响着壳聚糖的溶解性能,如当脱乙酰度为 50%时,壳聚糖在稀酸中具有最佳的溶解性。同时,脱乙酰度不同必将影响壳聚糖稀酸溶液中带电基团和聚电解质电荷密度。壳聚糖脱乙酰度通常采用红外光谱图分析法、核磁共振波谱法或滴定法等方法确定。本章实验中所用壳聚糖的脱乙酰度为 91%,是通过酸碱滴定法,用甲基橙-苯胺蓝混合溶液作指示剂测定的。

根据脱乙酰度不同,壳聚糖的电离平衡常数(pK_a)值为 6.5~7.3,在壳聚糖中氨基被质子化后,壳聚糖溶液行为表现为弱的聚阳离子电解质。然而,加入盐类可以屏蔽质子化氨基之间的静电排斥作用,使之沉析。在高脱乙酰度情况下(大于 80%),质子化的氨基之间的静电排斥相互作用占主导地位,这使壳聚糖分子链呈现舒展状态;随着环境的变化,壳聚糖分子链会有聚集的趋势(产生聚集的浓度大约 1 g/L),这是因为在低脱乙酰度情况下(小于 50%),乙酰基之间形成疏水相互作用和氢键作用占主导地位,从而产生聚集。

4.1.1　壳聚糖的化学反应

壳聚糖上的氨基和羟基是具有反应活性的基团,因此可以通过化学改性使之具有新功能,如在壳聚糖分子结构进行酯化以增加其溶解性。

4.1.2　壳聚糖的抗菌性

壳聚糖能抑制多种细菌的生长和活性,具有广谱抗菌性。但必须指出的是,其抗菌效果也受一些条件的影响,如壳聚糖种类、相对分子质量、质量分数以及细菌培养环境等。对不同细菌,抑制细菌生长所需要的壳聚糖不同。壳聚糖的抗菌机理是在酸性条件下,其分子链上质子化氨基可以与带有负电荷的细菌通过静电吸引力作用相互结合,使细菌絮凝和聚沉,进而使细菌的生长繁殖也随之减弱;同时这种静电结合还会影响细菌壁和细胞膜上负电荷的分布,干扰细胞壁的合成,打破自然状态下细胞壁的合成和溶解平衡,使细胞壁趋向溶解,细胞膜因不能承受渗透压而变形破裂。表4-1为壳聚糖对某些真菌的最小抑菌浓度。

表4-1　抑制真菌生长最小质量分数表

真菌	MIC/($\mu g \cdot mL^{-1}$)	真菌	MIC/($\mu g \cdot mL^{-1}$)
灰葡萄孢菌	10	稻梨孢菌	5 000
尖孢镰刀菌	100	立枯丝核菌	1 000
Micronectriellanivalis	10	马发癣菌	2 500

注:MIC(Minimum inhibitory concentration)最小抑菌浓度。

4.1.3　壳聚糖的生物相容性

壳聚糖作为生物材料首先必须考查其生物相容性。Vandevord 等采用冷冻干燥壳聚糖溶液法制备多孔的支架材料,然后将其切成边长为 1.5 cm 正方体小块在模拟体液中清洗,并植入老鼠背部和腹部。分别在 1 周、2 周、4 周、8 周、12 周时观察炎症反应;组织学评价有嗜中性粒细胞聚集在支架材料周围,但这种聚集会随着植入时间增加逐渐消失;支架孔中发现胶原,说明连接组织沉积在支架材料上;支架材料有非常低的细胞免疫反应。这些都说明壳聚糖支架具有高的生物相容性,适合作为支架材料和植入材料。Senkoylu 等用纺丝方法制备壳聚糖支架,并与新西兰白兔关节部位截取的软骨细胞一起培养,结果发现软骨细胞很容易与支架形成紧密结合。

4.1.4　壳聚糖的生物可降解性

壳聚糖在水性介质中降解比较慢。因此壳聚糖在生物体内的降解主要是依靠生物体内环境中的酶,如溶解酶,壳聚糖酶等,在这些酶的作用下壳聚糖可以很容易被催化降解,降解产物为无毒的氨基葡萄糖,可被人体完全吸收。除此之外,外界条件如微波辐射和过氧化氢等也可以加速壳聚糖降解。

4.1.5　壳聚糖的生物活性

壳聚糖对机体细胞的影响表现在三个方面,即黏附作用、激活和促进作用及抑制作用。文献报道较多的是壳聚糖的细胞黏附作用,主要是指对成骨细胞和成纤细胞的黏附作用。壳聚糖及其衍生物具有止血、止痛、抑制微生物生长、促进上皮细胞生长、促进或抑制成纤细胞增殖、激活和趋化巨噬细胞、促进成纤细胞迁移、诱导有序的胶原沉积和纤维排列、促进新生组织的结构重塑和构建等活性,决定了其对创面愈合的重要价值和在创面治疗中的重大意义。壳聚糖材料在生物医学领域,如伤口愈合的敷料、药物控释放载体、组织工程支架和牙周组织再生膜等有广泛的应用。

4.2 羟基磷灰石-壳聚糖生物复合材料的发展趋势及存在的问题

　　壳聚糖是弱碱性多糖,降解产物是氨基葡萄糖,可被人体完全吸收,具有促进骨细胞和成纤细胞黏附、分化和增殖的作用。羟基磷灰石是自然骨中主要的无机成分,降解后的钙离子和磷酸根离子能促进骨组织修复,具有骨传导性和诱导性。二者都具有优异的生物相容性、生物可降解性和生物活性。但壳聚糖材料存在强度低和在湿态环境下强度损失过快的问题;而羟基磷灰石则存在脆性大、难成型的问题。

　　自然骨是羟基磷灰石和胶原的纳米复合材料,但胶原本身的力学性能较差。壳聚糖分子的重复单元具有六元环的稳定结构,比较适合作为受力的材料。因此,将羟基磷灰石-壳聚糖进行复合得到既具有壳聚糖的柔性和韧性,又具有羟基磷灰石的强度和硬度的复合材料,还能把二者的生物活性综合起来,使之更适合作为骨组织工程支架材料或骨组织替代物。

4.2.1　羟基磷灰石-壳聚糖复合材料发展的趋势

　　采用仿生的策略制备具有多级结构的仿生骨材料,如仿贝壳结构的骨材料或仿自然骨结构的骨材料是一种有效的方法。Liao 等将 $CaCl_2$ 和 H_3PO_4 分别滴加到胶原的溶液中生成羟基磷灰石-胶原复合粉体,其中 $n_{Ca}:n_P=1.66$。然后将聚乳酸溶于二氧六环,再加入羟基磷灰石-胶原粉体,超声分散后,最后冷冻干燥得到具有类似松质骨结构的纳米羟基磷灰石-胶原聚乳酸复合支架材料。细胞培养试验证明,从老鼠颅骨部位新生骨中分离出造骨细胞,而且造骨细胞可几周内在支架材料上黏附、铺展和分化增殖。目前仿生骨材料的研究主要集中在具有松质骨结构的生物材料,这是因为松质骨本身具有多孔结构,而作为组织再生材料一般要求有多孔结构以便于细胞在支架材料上黏附,分化和增殖;松质骨力学性能较低,具有多孔高分子支架材料容易满足其力学性能,但其力学性能与密质骨强度相比,仍有较大的差距。

　　具有治疗效果的骨杂化材料也可通过仿生策略制备,如制备包含骨材料、药物分子的杂化材料、骨材料和生长因子的杂化材料。Stigter 等采用仿生矿化的方法制备了含有防止骨科手术术后组织感染的抗生素——妥布霉素的羟基磷灰石涂层。方法是先将基板材料放入 5 倍浓度的模拟体液中,形成无定形的磷酸钙,再浸入含有抗生素的过饱和的磷酸钙溶液中,最后得到厚度约 $40\mu m$ 含有抗生素的羟基磷灰石涂层。Sivakumar 等将羟基磷灰石-壳聚糖混合溶液分散到聚丙烯酸甲酯溶液中,再用戊二醛交联壳聚糖制备出羟基磷灰石-壳聚糖微球,接着把微球浸入到含有庆大霉素的生理盐水中,最终得到粒径为 18 μm 载药的羟基磷灰石-壳聚糖微球。Matsuda 等将壳聚糖侧链上的氨基与 4-硫醇丁内酯反应得到含有 1.24 mmol/g 硫醇基团,通过硫醇基团与合成昆布氨酸多肽反应制备具有生物特异性识别能力壳聚糖材料。Liao 等将制备的包含纳米羟基磷灰石-胶原-聚乳酸骨材料与 rhBMP-2(全称为 recombinant human bone morphogenetic protein 2)的复合材料用于修复兔子直径15mm的骨缺损,12周后发现缺损部位修复完整,部分支架材料被新生骨组织替代。

最理想的修复材料是具有生命的骨材料,如骨材料、骨细胞的杂化材料和骨材料、骨组织的杂化材料。通过把细胞种植在甲壳素-羟基磷灰石复合材料支架上形成骨材料、细胞杂化材料,在体外培养一周,将其植入兔子体内修复股骨缺损。2个月后组织学检测发现在甲壳素-羟基磷灰石复合材料周围出现骨再生,造骨细胞在支架材料处分化和再生。

4.2.2 羟基磷灰石-壳聚糖复合材料存在的问题

羟基磷灰石-壳聚糖复合材料既具有羟基磷灰石的强度和硬度,又具有壳聚糖的柔性和韧性,更能把二者的生物活性综合起来,适合作为骨组织工程支架材料或骨组织替代物。理想的可吸收羟基磷灰石-壳聚糖复合材料应具有以下特点:

(1)力学性能好,强度大,易塑型(力学方面的要求);

(2)生物相容性好,在体内可降解且与骨组织生长相适应的降解速度(生物方面的要求);

(3)在保证力学性能的同时必须有合适多孔结构,便于组织长入(生物材料多孔的要求);

(4)生物活性的表面,使其具有骨传导性和诱导性,并能与骨组织发生直接骨性结合(生物活性的要求)。

在力学性能方面,目前报道制备羟基磷灰石-壳聚糖复合材料弯曲强度为5～20 MPa,低于或略高于松质骨强度,但远低于密质骨弯曲强度,这严重限制了羟基磷灰石-壳聚糖复合材料的应用范围,特别是作为可吸收骨折固定材料。因此,如何提高羟基磷灰石-壳聚糖复合材料力学性能仍是一个难题。

另外,骨可被看作是纳米羟基磷灰石填充高分子基质的复合材料,因此目前羟基磷灰石-壳聚糖复合材料研究主要集中在制备纳米羟基磷灰石均匀分散在高分子基质,而没有考虑羟基磷灰石在高分子基质中呈梯度分布或有序分布。骨中的纳米羟基磷灰石并不是均匀或无规分布的,而是呈现高度取向并以一定的梯度分布在胶原基质中,在需要承重部位羟基磷灰石质量分数高,在受力小的部位羟基磷灰石质量分数低。除此之外,对于外层具有较多羟基磷灰石的羟基磷灰石-壳聚糖复合材料,其可以更好地发挥羟基磷灰石的生物活性,以利于细胞黏附、分化和增殖。因此获得不但组成,更从结构上模拟骨,而且羟基磷灰石在基质中以取向或梯度分布的羟基磷灰石-壳聚糖复合材料,是研究人员的最终目的,但从目前的技术上来说,要实现这一目标还是很大的挑战。

4.3 碳纤维增强羟基磷灰石-壳聚糖生物复合材料

目前,国内外纤维增强复合材料的研究还不是很成熟,临床效果也只是较为满意,对上述问题还没有一个很好的解决方法。为了能够大幅度地提高碳纤维复合材料的弯曲强度,笔者通过采用原位共混法、原位杂化法的方法来制备复合材料,这种方法在有关纤维增强复合材料的研究中还较为少见。原位法反应过程平缓、较易控制,无须特殊后处理就能直接得到碳纤维增强的复合材料。

本实验以羟基磷灰石-壳聚糖为基体,聚丙烯腈碳纤维为增强相,采用原位共混、原位杂化的方法,制备碳纤维/基羟基磷灰石-壳聚糖接骨钉生物复合材料。同时还研究了单体配比、碳纤维质量分数、交联剂体积加入量、原位反应温度等工艺因素对复合材料物相组成、显微结构、力学性能和生物相容性的影响。

4.3.1 实验机理

1. 原位共混法制备复合材料机理

壳聚糖(用 $CS-NH_2$ 表示)在 2‰乙酸溶液中发生壳聚糖质子化反应。

$$CH_3COOH + CS-NH_2 \longrightarrow CS-NH_4^+ + CH_3COO^- \tag{4-1}$$

当将注满羟基磷灰石-壳聚糖混合液的模具放入凝固液中时,由于预先沉积在模具内的羟基磷灰石-壳聚糖凝胶膜是半透性的,可以让小分子通过,而羟基磷灰石和壳聚糖却不能通过,故当脱去模具后,该膜将膜内的羟基磷灰石-壳聚糖混合物与膜外的 NaOH 凝固液隔开,由于膜外的 OH^- 质量分数大于膜内,在渗透压的作用下 OH^- 就向膜内渗透,遇到质子化的壳聚糖发生酸碱中和。

$$CS-NH_3^+ + OH^- \longrightarrow CS-NH_2 + H_2O \tag{4-2}$$

与此同时,CH_3COO^- 也向膜外渗透,Na^+ 向膜内渗透,直到膜内外的离子质量分数相等。

壳聚糖分子对溶液的 pH 变化很敏感。当环境 pH 大于 6.5 时,壳聚糖分子就沉积出来。在采用原位共混法制备棒材的过程中,壳聚糖分子的沉积并不是杂乱无规则的。膜外凝固液中的 OH^- 在向膜内渗透时,聚集在膜外的 OH^- 给凝胶膜充上负电荷;而乙酸溶液中壳聚糖上的氨基被质子化后带有正电荷,带有正电荷的壳聚糖在遇到 OH^- 沉积时,在电荷吸引的作用下,壳聚糖分子会按照与负电荷有最大接触概率的原则排列,即壳聚糖的分子链倾向于平铺地沉积在模板上。膜内的羟基磷灰石-壳聚糖混合物在负电荷的影响下也逐渐按部就班地向膜上靠近,这样就形成了第一层。而分散在壳聚糖溶液中的羟基磷灰石,在壳聚糖沉积下来的同时,也被掩埋在壳聚糖凝胶中(见图4-3)。随着羟基磷灰石-壳聚糖被 NaOH 沉积,此过程不断重复,依次出现第二层、第三层沉积物等等,形成层状结构。在弯曲断裂实验中,可以发现有片状样品棒材上剥落下来,样品的断裂处也有层状花纹,说明层状结构在干燥后依然存在。

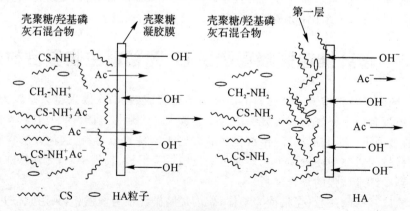

图 4-3 原位共混法制备复合材料示意图

在干燥过程中,凝胶棒材从最外层开始干燥,由于壳聚糖棒材干燥时体积收缩率高达95％左右,这样最外层干燥后发生收缩会给内层的部分施加一定的压力。此径向上由外而内干燥产生的压力使棒材在径向上有自增强效果。

2. 原位杂化法制备复合材料机理

原位杂化法制备复合材料的机理与共混法类似,预沉积的壳聚糖凝胶膜同时控制如下反应的进行。

$$CS-NH_3^+ + OH^- \longrightarrow CS-NH_2 + H_2O \qquad (4-3)$$

$$10Ca^{2+} + 6H_2PO_4^- + 14OH^- \longrightarrow Ca_{10}(PO_4)_6(OH)_2 \downarrow + 12H_2O \quad (pH>10)$$

$$(4-4)$$

且使反应过程缓慢有序。聚集在壳聚糖膜右侧的 OH^- 形成负电层,与此同时聚集在壳聚糖膜左侧的 $CS-NH_3^+$ 和 H^+ 形成正电层。膜两侧带有双电层能诱导质子化的壳聚糖分子沉积时按照与负电层有最大接触概率的原则排列,即壳聚糖分子链应倾向平铺地沉积在壳聚糖膜上,故壳聚糖分子在双电层作用下可以有序地沉积并形成层状结构。与此同时,羟基磷灰石前驱体在渗透进来的 OH^- 作用下原位生成磷酸钙盐,经过陈化后转化为羟基磷灰石,因而保证羟基磷灰石以纳米尺寸均匀分散在基体中。如图4-4所示,在第一层形成后,双电层的位置有所改变,同样的机理形成第二层、第三层等,最终形成具有层状结构复合材料。预先沉积壳聚糖膜在原位复合过程中有两个作用,其一控制 OH^- 扩渗透速度,从而实现壳聚糖分子沉积和羟基磷灰石前驱体转化的过程缓慢、有序地进行。其二是双电层形成的模板,也为分子在双电层诱导下有序沉积提供模板。

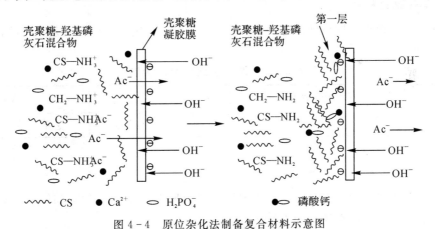

图4-4　原位杂化法制备复合材料示意图

3. 实验工艺流程及步骤

在进行实验之前,需要对纤维进行预处理,其具体操作如第2章2.2所述,除了本章所用乳化剂为十二烷基磺酸钠之外,其余步骤均相同,在此不再赘述。

在上述机理的基础上,采用原位共混和原位杂化的方法制备碳纤维/羟基磷灰石-壳聚糖生物复合材料,实验工艺流程如图4-5所示。具体制备工艺为:将改性后的碳纤维

与 $Ca(NO_3)_2 \cdot 4H_2O$,K_2HPO_4 依次加入到体积分数为 2% 的乙酸溶液中,在室温下超声分散 30～60 min,超声频率为 100 kHz,待 $Ca(NO_3)_2 \cdot 4H_2O$ 和 K_2HPO_4 完全溶解且碳纤维完全分散后,向溶液中加入质量分数为 1% 的戊二醛溶液。搅拌均匀后,向其中缓慢加入壳聚糖,并强烈搅拌使壳聚糖完全溶解。然后再置于超声波清洗仪中以 100 kHz 频率震荡 2～3 h;接着静置脱泡 4～8 h;把脱泡后的壳聚糖溶液缓慢的倒入模具中,将模具放入质量分数为 5% 的 NaOH 凝固液中浸泡,待其形成凝胶后真空干燥、固化,即得到所需要的复合材料。

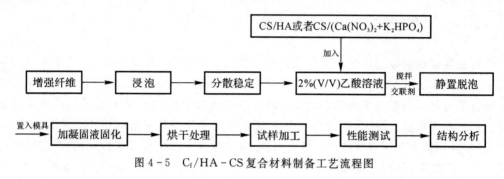

图 4-5 C_f/HA-CS 复合材料制备工艺流程图

4.3.2 工艺因素设计

以下实验中,试样均按照 4.3.1 第 3 部分的实验工艺流程制备,不再赘述。

1. 单体配比研究

表 4-2 为研究不同单体配比的具体参数。按照前文的制备试样工艺方法,制备了不同单体配比的试样。

表 4-2 单体配比研究的参数

组分	V_{CH_3COOH}(体积分数为 2%)/mL	$m_{纤维}$/g	m_{CS}/g	m_{HA}/g	$V_{交联剂}$/mL
用量	60	1	变量	变量	0.5

2. 交联剂体积加入量研究

表 4-3 为研究加入不同交联剂体积加入量的具体参数。按照前文的制备试样工艺方法,制备了不同交联剂体积加入量的试样。

表 4-3 交联剂体积加入量研究的参数

组分	V_{CH_3COOH}(体积分数为 2%)/mL	$m_{纤维}$/g	m_{CS}/g	m_{HA}/g	$V_{交联剂}$/mL
用量	60	1	3	0.3	变量

3. 反应温度研究

表 4-4 为研究不同反应温度的具体参数。按照前文制备试样的工艺方法,制备了不

同反应温度的试样。

表4-4 反应温度研究的参数

组分	V_{CH_3COOH}（体积分数为2%）/mL	$m_{纤维}$/g	m_{CS}/g	m_{HA}/g	$V_{交联剂}$/mL
用量	60	1	3	0.3	0.5

4. 纤维质量分数研究

表4-5为研究不同纤维质量分数的具体参数。按照前文制备试样的工艺方法,制备了不同纤维质量分数的试样。

表4-5 40℃下纤维质量分数研究的参数

组分	V_{CH_3COOH}（体积分数为2%）/mL	$m_{纤维}$/g	m_{CS}/g	m_{HA}/g	$V_{交联剂}$/mL
用量	60	变量	3	0.3	0.5

4.3.3 碳纤维/羟基磷灰石-壳聚糖生物复合材料的结构分析

1. 碳纤维/羟基磷灰石-壳聚糖生物复合材料的红外光谱分析

图4-6为所制备碳纤维/羟基磷灰石-壳聚糖生物复合材料的红外光谱图。其中,在 1 046.40 cm^{-1},585.72 cm^{-1}处的特征峰为[PO$_4$]基团的吸收峰,其来源于复合材料中的羟基磷灰石纳米粉体。1 287.17cm^{-1}处的吸收峰为[NH$_2$]基团的特征峰,归属于壳聚糖特征官能团。碳纤维表面含氧官能团主要有—COOH和—OH,而且经处理的碳纤维表面羟基化。从图中可以看出,该羟基的伸缩振动吸收谱带3 400~3 500 cm^{-1}之间形成一个明显的双峰。这些分析结果说明所制备的复合材料由碳纤维、壳聚糖和羟基磷灰石三相所组成。

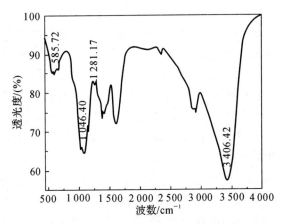

图4-6 所制备C$_f$/HA-CS复合材料的红外光谱图

2. 碳纤维/羟基磷灰石-壳聚糖生物复合材料的 XRD 分析

图 4-7 为所制备的碳纤维/羟基磷灰石-壳聚糖复合材料的 XRD 分析图。从图中可以看出，在 2θ 角为 25.8° 和 32.1° 处出现了羟基磷灰石的衍射峰，这证明了复合材料里面有羟基磷灰石的相存在；在 $2\theta=33.06°$ 处，出现了碳纤维的特征衍射峰；在 $2\theta=20.1°$ 处出现了壳聚糖微晶的特征衍射峰。这与红外光谱的分析基本吻合，说明所制备的复合材料由壳聚糖、羟基磷灰石和碳纤维三相组成。

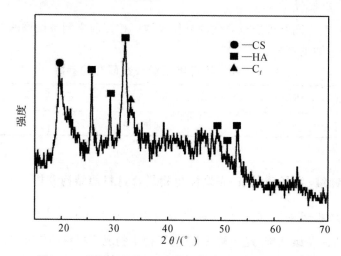

图 4-7　所制备 C_f/HA-CS 基复合材料的 XRD 图谱

4.3.4　工艺因素对碳纤维/羟基磷灰石-壳聚糖生物复合材料力学性能的影响

1. 单体配比对复合材料力学性能的影响

图 4-8 和图 4-9 分别为采用原位共混法和原位杂化法制备的 $m_{HA}:m_{CS}$ 与碳纤维/羟基磷灰石-壳聚糖生物复合材料弯曲强度和压缩强度关系图。从图中可以看出，用原位杂化方法制备的纳米复合材料的力学性能优于原位共混法所制备样品的力学性能。当 $m_{HA}:m_{CS}$ 为 0.1 时，采用原位杂化方法制备的复合材料的弯曲强度和压缩强度分别达到了 62.57 MPa 和 59.97 MPa，远大于共混法制备材料。这是因为原位杂化法制备的复合材料里面羟基磷灰石分布更加均匀、粒径小且不容易发生团聚，而采用共混法制备的材料中纳米羟基磷灰石粉体容易发生团聚，羟基磷灰石分布也不均匀。此外，还可能是由于在原位杂化的制备过程中，纳米羟基磷灰石粉体与壳聚糖之间产生了氢键等化学键合作用，从而提高了复合材料的强度。

从图 4-8 中可以看出，采用原位杂化法制备复合材料的时候，随着羟基磷灰石质量分数的增加，试样的力学性能也逐渐增大。在 $m_{HA}:m_{CS}$ 为 0~0.1 范围内，试样的强度与羟基磷灰石-壳聚糖的质量比呈线性关系；当 $m_{HA}:m_{CS}$ 增加到 0.1 时，试样的弯曲强度和压缩强度分别达到了最大值 62.57 MPa 和 59.97 MPa。这是因为当壳聚糖质量分数较高时，壳聚糖通过氨基与金属离子之间的相互作用可以形成壳聚糖-金属螯合物。从红外光谱分析可知(见图4-5),壳聚糖的酰胺Ⅰ($1\ 655\ cm^{-1}$)和酰胺Ⅱ($1\ 599\ cm^{-1}$)谱带均向低波数方向移动,这可能是壳聚糖中的—NH_2与羟基磷灰石中的—OH之间的氢键作用以及—NH_2和Ca^{2+}之间的螯合作用所引起的。继续增大羟基磷灰石的质量分数,复合材料的力学性能开始呈现下降的趋势。这是因为随着羟基磷灰石质量分数的增加,其在基体中的分布逐渐不均匀,大量的粒子团聚在一起,形成较大的颗粒。而这些大的颗粒会成为材料内部的缺陷,导致材料的力学性能下降。

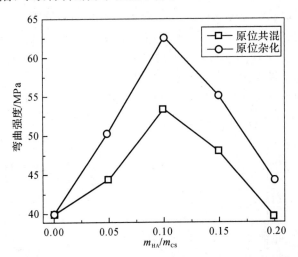

图4-8 m_{HA}：m_{CS}与C_f/HA-CS复合材料弯曲强度关系图

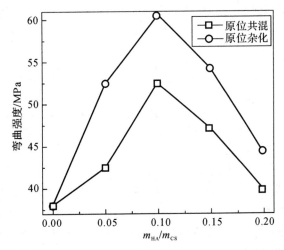

图4-9 m_{HA}：m_{CS}与C_f/HA-CS复合材料压缩强度关系图

2. 交联剂体积加入量对复合材料力学性能的影响

图4-10为戊二醛交联碳纤维/羟基磷灰石-壳聚糖生物复合材料位移-载荷关系图。其中曲线a为不含戊二醛交联剂的复合材料,位移随载荷增大而增加,基本呈线性变化,

当载荷增至最大值后,材料发生了脆性断裂。而曲线 b 则为含戊二醛交联剂的复合材料。可以看出,当位移为 0.5～1.75 mm 时,位移随载荷增大而线性增大,当位移大于 1.75 mm 时,曲线出现只有位移增大而载荷几乎不变的屈服平台。这说明含戊二醛交联剂的复合材料具有优异的韧性。这是因为,戊二醛是壳聚糖的高效交联剂,戊二醛中—CHO 与壳聚糖中的—NH₂ 在室温下就可以发生交联反应。当只加入羟基磷灰石时,羟基磷灰石颗粒分布在壳聚糖基质中,二者之间以及壳聚糖分子之间仅仅靠吸附、氢键等弱相互作用结合,从而导致界面黏结力较弱;向 4% 的壳聚糖溶液加入氨基质量分数为 1% 的戊二醛溶液会导致壳聚糖溶液黏度增大,壳聚糖溶液变成胶状物,流动困难,无法用原位法制备样品。而向 3% 的壳聚糖溶液加入氨基质量分数为 1% 的戊二醛溶液仍能保持其流动性,能够用原位法制备样品。同时采用本体交联与羟基磷灰石复合协同增强技术时,在戊二醛交联下形成网状结构,羟基磷灰石颗粒则分布在网状壳聚糖基质中,颗粒表面吸附分子后可以与基质发生交联,提高了粒子与基质之间界面作用力。

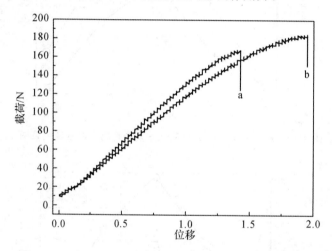

图 4-10　戊二醛交联 Cf/HA-CS 复合材料位移-载荷曲线
a—不含交联剂的复合材料;　b—含交联剂的复合材料

　　图 4-11 和图 4-12 分别为交联剂体积加入量与碳纤维/羟基磷灰石-壳聚糖生物复合材料弯曲强度和压缩强度关系图。从图中可以看出,用原位杂化方法制备的纳米复合材料的力学性能优于共混制备样品的力学性能。当交联剂体积加入量为 0.5 mL 时,采用原位杂化方法制备的复合材料的弯曲强度和压缩强度分别达到了 70.1 MPa 和 66.2 MPa。除此之外,从图 4-11 中可以看出,采用原位杂化法制备复合材料的时候,随着交联剂体积加入量的增加,试样的力学性能逐渐增大。在交联剂体积加入量为 0.2～0.5 mL 范围内,试样的强度与交联剂体积加入量呈线性关系;当交联剂体积加入量增加到 0.5 mL 时,试样的弯曲强度和压缩强度分别达到了最大值。这是因为从壳聚糖的分子结构看,其分子链呈半刚性,含有大量氨基和羟基,因此容易形成氢键并易于结晶。Uragami 等曾就此提出壳聚糖分子链间氢键相互作用的模型,他们认为壳聚糖分子链上的氨基和/或羟基之间相互配对,从而形成拉链状的氢键。但在交联剂交联壳聚糖的后

期,由于体系黏度增大,加之壳聚糖分子链的半刚性特点,分子链的活动能力明显降低,因此每条链上的氨基和/或羟基之间很难完全一一配对,虽然氨基和/或羟基之间仍有较强的氢键相互作用,但并不能形成如 Uragami 模型所述的那样非常规整的拉链状氢键,以得到完善的晶体结构。在壳聚糖溶液中加入少量的戊二醛以后,由于其在壳聚糖分子链较舒展时就可以和两条分子链上的氨基发生反应,从而起到固定分子链位置,使壳聚糖易于形成拉链状氢键结构的作用。同时,由于戊二醛含量很少,其自身引起的交联对结晶的破坏作用很小,因此在适当的交联剂体积加入量下,壳聚糖的结晶度非但未下降,反而有所增加。随着交联剂体积加入量的再增加,壳聚糖的结晶度下降,从而导致材料的力学性能下降。

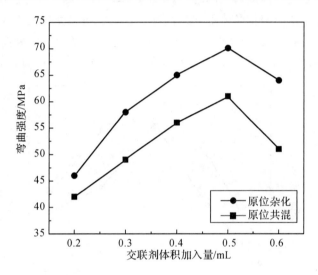

图 4-11　交联剂体积加入量与 $C_f/HA-CS$ 复合材料弯曲强度关系图

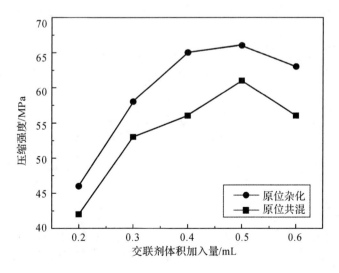

图 4-12　交联剂体积加入量与 $C_f/HA-CS$ 复合材料压缩强度关系图

3.反应温度对复合材料力学性能的影响

图 4-13 和图 4-14 分别为反应温度与碳纤维/羟基磷灰石-壳聚糖生物复合材料试样的弯曲强度和压缩强度关系图。从图中可以看出,用原位杂化方法制备的纳米复合材料的力学性能优于共混制备样品的力学性能。当反应温度为 40℃时,采用原位杂化方法制备的复合材料的弯曲强度和压缩强度分别达到了 70.4 MPa 和 65.3 MPa。从图 4-13中可以看出,随着反应温度的升高,试样的弯曲强度也随之增强。当反应温度达到 40℃时,试样的力学性能达到最大值,继续升高反应温度,复合材料的弯曲强度开始呈现下降的趋势。这是因为当反应温度较低的时候,纳米羟基磷灰石的生长速度慢,纳米羟基磷灰石晶体的结晶度较小从而使得晶体平均粒径较小;反之,当温度超过 40℃时,纳米羟基磷灰石的生长速度快,纳米羟基磷灰石晶体的结晶度较高,纳米羟基磷灰石体的平均晶粒尺寸较大,大粒径颗粒容易引起羟基磷灰石的团聚从而使得复合材料的力学性能降低。

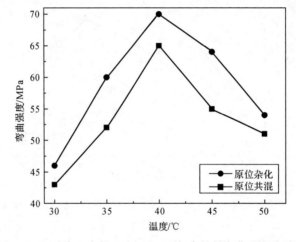

图 4-13　反应温度与 C_f/HA-CS 复合材料弯曲强度关系图

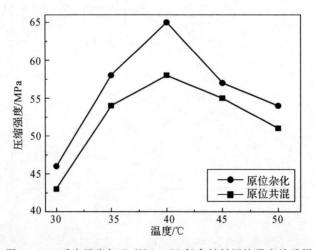

图 4-14　反应温度与 C_f/HA-CS 复合材料压缩强度关系图

4.碳纤维质量分数对复合材料力学性能的影响

图 4-15 为不同碳纤维质量分数的碳纤维/羟基磷灰石-壳聚糖生物复合材料的位移-载荷关系图。由图 4-15 可以看出,碳纤维/羟基磷灰石-壳聚糖生物复合材料的断裂都属于韧性断裂,当碳纤维质量分数为 0.5％时,复合材料的位移最小,随着纤维质量分数增加到 1.5％,复合材料的位移有所增大,这说明随着碳纤维质量分数的增加,增强纤维对碳纤维/羟基磷灰石-壳聚糖生物复合材料起到了增强增韧的作用。当碳纤维的质量分数达到 2.5％时,复合材料的最大载荷开始呈现下降的趋势,但是试样的位移仍然呈现增大的趋势,这是由于碳纤维质量分数的过大,影响了复合材料的致密性,从而导致了试样弯曲强度的下降,随着碳纤维质量分数的增加,当基体受到外力的作用时,碳纤维从基体中被拔出和与基体脱黏的能力得到增强,碳纤维的表面能增加,从而使复合材料的韧性仍然呈现上升的趋势。

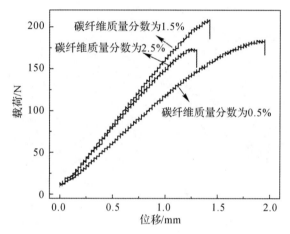

图 4-15　碳纤维质量分数与 $C_f/HA-CS$ 复合材料的位移-载荷曲线关系图

图 4-16 和图 4-17 为碳纤维质量分数与碳纤维/羟基磷灰石-壳聚糖生物复合材料试样的弯曲强度和压缩强度关系图。从图中可以看出,用原位杂化方法制备的纳米复合材料的力学性能优于共混制备样品的力学性能。从图 4-16 和图 4-17 中可以看出,随着纤维质量分数的增加,试样的弯曲强度和压缩强度也逐渐增大,当碳纤维质量分数达到 1.5％时,复合材料的弯曲强度和压缩强度分别达到最大值 72.17 MPa 和 69.11 MPa。这是因为纤维增强复合材料的力学性能不仅取决于增强纤维和基体的特性,同时与纤维和基体间的界面结合强度有关。在复合材料受到外力的过程中,由于纤维和基体界面的协同作用,能够把应力转移到增强纤维上去,也正是由于这种载荷转移,使纤维在复合材料中起到一定的增强作用,同时增加了复合材料断裂时所需要的功,从而提高了复合材料的弯曲强度。而继续增加纤维质量分数,试样的弯曲强度和压缩强度呈现下降趋势。这是由于纤维质量分数过高时,纤维在基体中会难以均匀分散,可能产生部分团聚现象,从而影响了增强纤维与基体间的界面结合,导致了复合材料的弯曲强度和压缩强度的下降。

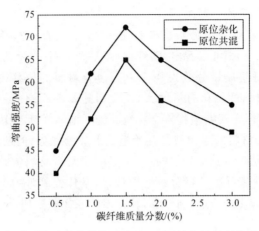

图 4-16　碳纤维质量分数与 C_f/HA-CS复合材料弯曲强度关系图

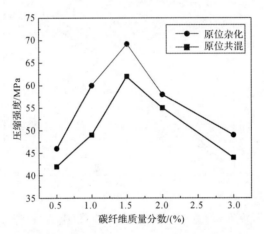

图 4-17　碳纤维质量分数与 C_f/HA-CS复合材料压缩强度关系图

　　图 4-18 为不同碳纤维复合材料试样断裂面的 SEM 照片。由图 4-18(a)可知,当碳纤维质量分数为 0.5% 时,碳纤维在羟基磷灰石-壳聚糖基体中的分布很少,断裂面十分平整,并且没有发现气泡等缺陷,这说明所采取的合成工艺是合适的。从图 4-18(b)中可以看出,当碳纤维质量分数为 1.5% 时,碳纤维在羟基磷灰石-壳聚糖基体中分布均匀,且没有发现气泡等缺陷。试样断裂后仅有少量碳纤维因被拔出而留下的孔洞以及碳纤维被部分拔出后断裂的现象,同时,断裂面层次分明,说明碳纤维与基体的结合是一个较好的界面结合,碳纤维起到了增强、增韧的效果。当材料受到外力作用时,基体可将外力有效地转移到碳纤维与基体间的界面上,缓解了基体的受力,提高了整个复合材料的强度和韧性。再由图 4-18(c)可知,随着碳纤维质量分数的继续增加,复合材料断裂面呈现粗糙表面形貌,基体发生多处断裂,断裂形式表现为典型的韧性断裂,在受到外力的过程中,碳纤维从基体拔出相对比较困难,从而可以吸收大量的能量,使得复合材料的韧性得到了

进一步提高,这也与邹俭鹏等人的研究结果类似。与此同时,由于碳纤维质量分数较高引起纤维的团聚,复合材料的致密度有所降低,使得试样的弯曲强度有所下降。

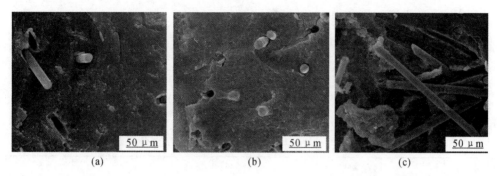

图 4-18　不同碳纤维质量分数 C_f/HA-CS复合材料试样断面的 SEM 照片
(a)碳纤维质量分数为 0.5%；　(b)碳纤维质量分数为 1.5%；　(c)碳纤维质量分数为 2.0%

4.3.5　碳纤维/羟基磷灰石-壳聚糖生物复合材料的吸湿膨胀及生物活性研究

1.碳纤维/羟基磷灰石-壳聚糖生物复合材料吸湿膨胀的研究

图 4-19 为不同 m_{HA}：m_{CS} 下的碳纤维/羟基磷灰石-壳聚糖复合材料吸水率-时间关系图。由于壳聚糖是一种高吸水性高分子材料,含水率对样品的力学性能影响很大。如何提高制品的疏水能力是目前研究的热点和难点。在基体中加入羟基磷灰石,将其分散在壳聚糖中,可以形成阻止水进入复合材料内层的物理屏障。

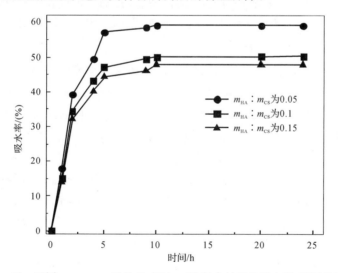

图 4-19　不同 m_{HA}：m_{CS} 下的 C_f/HA-CS复合材料的吸水率-时间关系图

复合材料的吸水率与浸泡时间的关系如图 4-19 所示。复合材料的吸水率在 10 h后达到饱和。将图 4-19 中的数据利用数学工具(Origin7.5 Pro)进行拟合,得到吸水率

(W_a)与浸泡时间(t)的关系式如下：

$$W_a = W_s + A\exp(-t/t_1) \qquad (4-5)$$

式中　W_a——浸泡时间为t时的吸水率；

　　　W_s——材料的饱和吸水率；

　　　A——饱和吸水率的偏移因子；

　　　t_1——时间常数。

与该方程有关的数据如表4-6所示。可以看出，随着羟基磷灰石质量分数增加，复合材料饱和吸水率呈现出下降的趋势。

表4-6　不同$m_{HA}:m_{CS}$下，方程式(4-5)的有关数据表

$m_{HA}:m_{CS}$	$W_s/(\%)$	$A/(\%)$	t_1/h	R^2
-0.05	59.222±1.263	-31.385±2.525	2.469±0.201	0.990
0.1	50.5111±1.078	-51.769±2.184	2.004±0.199	0.989
0.15	47.9275±1.035	-49.000±2.063	2.080±0.206	0.989

随着水分被吸收到复合材料内部，其体积逐渐膨胀。而复合材料的吸水率降低就意味着复合材料在湿态环境下的膨胀度减小。通过添加不同质量分数的羟基磷灰石可以调控材料的吸水率，进而控制其膨胀度。植入材料适度膨胀可使骨折内固定物和钻孔之间结合非常紧密，产生的膨胀力对受损的骨组织有应力刺激作用，从而促进骨组织迅速、自发修复缺损处。而非膨胀体系的骨折内固定物和钻孔之间的结合就不是很紧密，容易发生脱落且不利易生物体伤口愈合。同时，植入物与骨钻孔之间的结合不紧密的界面就形成应力集中区。因此羟基磷灰石与壳聚糖复合后可以通过形成临时的疏水屏障降低材料吸水率，延缓复合材料的力学强度在湿态环境下的衰减，也可以控制材料在湿态环境下的膨胀度，有利于受损骨组织的修复。

2.碳纤维/羟基磷灰石-壳聚糖生物复合材料生物相容性的研究

(1)浸泡前后碳纤维/羟基磷灰石-壳聚糖生物复合材料质量变化。图4-20为碳纤维/羟基磷灰石-壳聚糖生物复合材料在模拟体液中浸泡不同时间后的质量变化图。由图4-20可以看出，初始阶段复合材料的质量有轻微下降，随后急剧上升，浸泡28天的时候，其质量比浸泡前的质量有所增大，可以认为碳纤维/羟基磷灰石-壳聚糖生物复合材料在浸泡实验中具有良好的生物活性。浸泡刚开始后，复合材料的质量经历了一个轻微下降的过程，第4天的时候，质量下降到最低点。从第4天到第7天，复合材料失重的情况有所扭转，质量增加速度较快，并超过复合材料浸泡前的质量。第7天到第14天，复合材料质量进一步急剧增加。从第14天到第28天，虽然复合材料的质量仍有继续增加的现象，但是增加速度渐趋缓慢。在整个浸泡周期内，复合材料的质量变化经历了一个轻微下降再上升的过程，在浸泡第4天的时候达到质量最低点。这可能是因为基体中加入的壳聚糖有略微的降解现象导致的，由于刚开始浸泡到第4天的时候壳聚糖的降解速率超过了模拟体液离子沉积的速率，从而导致复合材料的质量有略微的下降，因而表现为轻微的减重。在浸泡4天以后，复合材料的质量开始呈现上升的趋势，到了第7天的时候已经超过了

浸泡前复合材料的质量,这是由于随着浸泡时间的增长,钙磷等离子的沉积速率逐渐增大羟基磷灰石不断生成造成的结果。

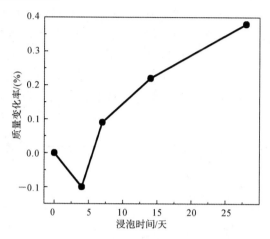

图4-20　C_f/HA-CS复合材料在模拟体液中浸泡不同时间的质量变化

(2)碳纤维/羟基磷灰石-壳聚糖生物复合材料浸泡不同时间的XRD分析。图4-21为碳纤维/羟基磷灰石-壳聚糖生物复合材料在模拟体液中浸泡不同时间后的XRD图谱。由图4-21可知,当复合材料浸泡到4天的时候,羟基磷灰石的衍射峰较为模糊,可以认为此时的羟基磷灰石结晶度较低。当浸泡7天的时候,在$2\theta=32°$附近,开始出现了羟基磷灰石的衍射峰。随着浸泡时间延长到14天,此衍射峰有所增强,同时,在$2\theta=46°$附近也出现了羟基磷灰石的衍射峰。当浸泡时间达到28天的时候,产物结晶性明显增强,归属于羟基磷灰石的衍射峰强度进一步增加,这说明复合材料在模拟体液浸泡的过程中,随着浸泡时间的增长,羟基磷灰石也有着旺盛的沉积活动,这与图4-20的质量变化分析基本一致。

(3)碳纤维/羟基磷灰石-壳聚糖生物复合材料浸泡后的表面形貌分析。图4-22为碳纤维/羟基磷灰石-壳聚糖生物复合材料在模拟体液中浸泡不同时间后的SEM图。从图4-22(a)可以看出,当复合材料在模拟体液中浸泡4天时,试样表面形貌与浸泡1天时的相似,不同的是试样表面沉积物略有增加。从图4-22(b)可以看出,当复合材料在模拟体液中浸泡7天时,试样的表面沉积物已经较浸泡4天时的有了明显的增多。从图4-22(c)可以看出,当复合材料在模拟体液中浸泡14天时,随着浸泡时间的延长,试样表面形成由少至多并且相互连接的一层絮状结晶物,表面沉积物呈现较为密集的分布,这说明碳纤维/羟基磷灰石-壳聚糖复合材料已经有了较好的生物活性。从图4-22(d)可以看出,当复合材料在模拟体液中浸泡28天时,随着试样浸泡时间的继续增加,试样的表面基本已经被表面沉积的羟基磷灰石所覆盖,从试样表面几乎看不到基体,这说明此时的复合材料已经具有优良的生物活性。碳纤维/羟基磷灰石-壳聚糖复合材料表面沉积物的形成是一个新相形成并长大的过程,可分为两个阶段,即新相晶核的形成和长大。当碳纤维羟基磷灰石-壳聚糖复合材料浸泡于模拟体液后,在试样表面相对较高Cl^-,Ca^{2+},

HPO_4^{2-} 和 PO_4^{3-} 的离子质量分数区域,离子间相互作用,并在表面形成晶核,其粗糙表面的凹陷和裂纹则是晶核首先发生的地方。因为粗糙表面的凹陷和裂纹阻碍了液体与材料界面间的相对运动和流动,不利于液体的流动和离子的扩散,而有利于这些区域内离子质量分数的提高,使区域内所存储的钙、磷离子质量分数相对较高,为羟基磷灰石结晶物的形成提供了成核点,这说明材料表面的区域离子质量分数对晶核的形成起着十分重要的作用。SEM 的分析结果进一步说明了所制备的碳纤维/羟基磷灰石-壳聚糖复合材料在浸泡过程中有羟基磷灰石的不断生成。这一点与由图 4-20 和图 4-21 得到的分析相吻合。

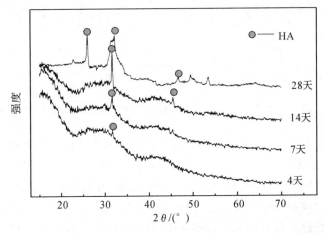

图 4-21　$C_f/HA-CS$ 复合材料在模拟体液中浸泡不同时间的 XRD 图谱

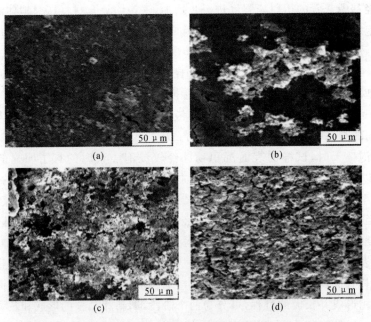

图 4-22　$C_f/HA-CS$ 复合材料在模拟体液中浸泡后的 SEM 图

(a)4 天；　(b)4 天；　(c)14 天；　(d)28 天

4.碳纤维/羟基磷灰石–壳聚糖生物复合材料浸泡前后的弯曲强度分析

图4-23为浸泡时间与碳纤维/羟基磷灰石–壳聚糖生物复合材料弯曲强度的关系图。从图4-23可以看出,随着浸泡时间的延长,复合材料的弯曲强度变化很小,试样的弯曲强度基本呈现为水平的线性趋势。这是因为,随着复合材料在模拟体液中浸泡时间的延长,试样的基体和增强的碳纤维都没有发生降解现象,复合材料与纤维间的界面结合没有遭到破坏,故而碳纤维/羟基磷灰石–壳聚糖生物复合材料的力学性能没有明显的下降。这说明,碳纤维/羟基磷灰石–壳聚糖生物复合材料具有优异的生物力学性能。

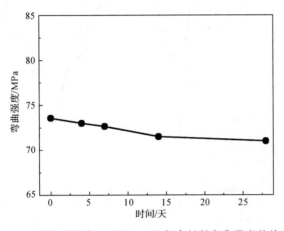

图4-23　浸泡时间与C_f/HA-CS复合材料弯曲强度的关系图

4.4　玻璃纤维增强羟基磷灰石–壳聚糖生物复合材料

在增强型复合材料中,纤维作为一种主要的增强体,一般包括碳纤维、玻璃纤维、芳纶纤维三种。其中碳纤维具有密度低、比强度大、热膨胀系数低等优点,所制备的碳纤维复合材料性能优异,是一种质轻、高强的新型复合材料。但碳纤维制备工艺复杂、生产成本高且由于生产碳纤维的技术被美国、日本等国家垄断,使其价格较贵,目前主要用于汽车、飞机及军工领域。相比之下,玻璃纤维要比碳纤维便宜,采用玻璃纤维作为增强体是目前应用最为广泛的材料增强手段。玻璃纤维按化学组成可分为无碱铝硼硅酸盐(简称"无碱纤维")和有碱无硼硅酸盐(简称"中碱纤维")。其具有耐腐蚀、隔热、机械强度高、容易成型等优点,在生物复合材料领域也具有重要的应用。本章在碳纤维作为增强体的基础上,进一步考察了玻璃纤维作为增强体对羟基磷灰石–壳聚糖生物复合材料的力学性能以及生物活性的影响。

4.4.1　玻璃纤维/羟基磷灰石–壳聚糖复合材料的红外光谱分析

图4-24为所制备玻璃纤维/羟基磷灰石–壳聚糖复合材料的红外光谱分析图。在1 046.40 cm^{-1},585.72 cm^{-1}处的特征峰为[PO$_4$]基团的吸收峰,其来源于复合材料中的

羟基磷灰石纳米粉体。1 287.17 cm^{-1}处的吸收峰为[NH$_2$]基团的特征峰,其是壳聚糖特征官能团。由图可知,戊二醛交联壳聚糖在1 599 cm^{-1}附近N—H键弯曲振动吸收峰明显减弱,而1 642～1 658 cm^{-1}附近C=N键伸缩振动吸收峰有所增强。除此之外,在1 037 cm^{-1},781 cm^{-1}处的吸收峰为玻璃纤维的特征吸收峰,这些分析结果说明所制备的复合材料是由玻璃纤维、戊二醛交联壳聚糖和羟基磷灰石三相所组成的。

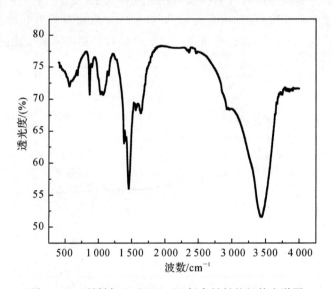

图4-24 所制备G$_f$/HA-CS复合材料的红外光谱图

4.4.2 工艺因素对玻璃纤维/羟基磷灰石-壳聚糖复合材料弯曲强度的影响

1.单体配比对玻璃纤维/羟基磷灰石-壳聚糖复合材料弯曲强度的影响

图4-25为m_{HA}:m_{CS}与玻璃纤维/羟基磷灰石-壳聚糖复合材料的弯曲强度关系图。从图中可以看出,随着羟基磷灰石质量分数的增加,复合材料的弯曲强度也逐渐增大。在m_{HA}:m_{CS}为0～0.1范围内,复合材料的弯曲强度与m_{HA}:m_{CS}呈线性增加的关系,当m_{HA}:m_{CS}增加到0.1时,试样的弯曲强度达到最大值78.77 MPa。复合材料弯曲强度的增加是由于壳聚糖通过氨基与金属离子之间的相互作用可以形成壳聚糖-金属螯合物。这可以由红外光谱加以证实。在复合材料红外光谱图分析中,壳聚糖的酰胺Ⅰ(1 655 cm^{-1})和酰胺Ⅱ(1 599 cm^{-1})谱带均向低波数方向移动,这可能是由壳聚糖中的—NH$_2$与羟基磷灰石中的—OH之间的氢键作用以及—NH$_2$和Ca^{2+}之间的螯合作用引起的。继续增大羟基磷灰石的质量分数,复合材料的弯曲强度开始呈现下降的趋势。这主要是由于适量羟基磷灰石微粒的存在,在复合材料受力过程中,基体与分散相界面呈脱离状态,这时分散相粒子周围引起空化,吸收能量,从而起到对复合材料的增强作用。而随着羟基磷灰石质量分数的增加,分散无机粒子数量上升,分布不均匀,部分粒子会团聚在一起,形成较大的颗粒。而这些大的颗粒会成为材料内部的缺陷,导致复合材料的弯

曲强度急剧下降。

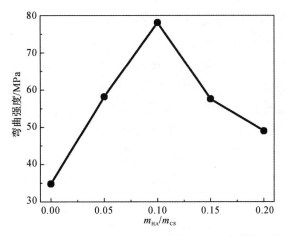

图4-25　m_{HA}：m_{CS}与G_f/HA-CS复合材料的弯曲强度关系图

2. 交联剂体积加入量对玻璃纤维/羟基磷灰石-壳聚糖复合材料弯曲强度的影响

图4-26为交联剂体积加入量与玻璃纤维/羟基磷灰石-壳聚糖复合材料弯曲强度关系图。从图4-26中可以看出,随着交联剂体积加入量的增加,试样的力学性能也逐渐提高。当交联剂体积加入量增加到0.5 mL时,试样的弯曲强度达到最大值83 MPa。继续加大交联剂的体积加入量,试样的弯曲强度开始呈现下降的趋势。这是因为由于戊二醛含量很少,其自身引起的交联对结晶的破坏作用很小,因此在适当的交联剂体积加入量下,壳聚糖的结晶度非但未下降,反而有所增加。交联剂体积加入量的继续增加,则造成壳聚糖的结晶度下降,从而导致材料的力学性能下降。

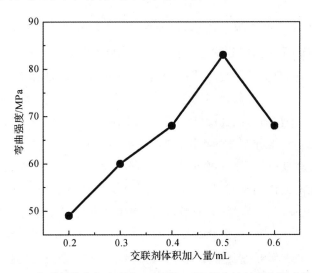

图4-26　交联剂体积加入量与G_f/HA-CS复合材料弯曲强度关系图

3.反应温度对玻璃纤维/羟基磷灰石-壳聚糖复合材料弯曲强度的影响

图 4 - 27 为反应温度与玻璃纤维/羟基磷灰石-壳聚糖复合材料试样的弯曲强度关系图。从图 4 - 27 中可以看出,随着反应温度的升高,试样的力学性能提高,当反应温度达到 40℃时,试样的力学性能达到最大值,继续升高反应温度,复合材料的弯曲强度开始呈现下降的趋势。这是因为当反应温度较低的时候,纳米羟基磷灰石的生长速度慢,纳米羟基磷灰石晶体的结晶度小,从而使得晶体平均粒径较小,反之当温度超过 40℃时,纳米羟基磷灰石的生长速度快,纳米羟基磷灰石晶体的结晶度高,纳米羟基磷灰石体的平均晶粒尺寸较大。大粒径颗粒容易引起羟基磷灰石的团聚从而使得复合材料的力学性能降低。

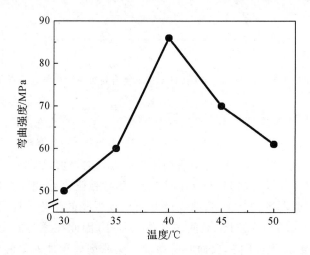

图 4 - 27 反应温度与 G_f/HA - CS 复合材料弯曲强度关系图

4.玻璃纤维质量分数对玻璃纤维/羟基磷灰石-壳聚糖复合材料弯曲强度的影响

图 4 - 28 为玻璃纤维质量分数与玻璃纤维/羟基磷灰石-壳聚糖复合材料试样的弯曲强度关系图。从图 4 - 28 中可以看出,随着玻璃纤维质量分数的增加,试样的力学性能也逐渐增大,当玻璃纤维质量分数增加到 1.5%时,试样的弯曲强度达到最大值。继续增加玻璃纤维质量分数,试样的弯曲强度又开始呈现下降的趋势。这是因为复合材料的力学性能不仅取决于增强纤维和基体的特性,同时与纤维和基体间的界面结合强度有关。当玻璃纤维质量分数较低时,增强纤维可以均匀地分散在基体中,纤维和基体结合紧密,由于纤维和基体界面间的协同作用,从而提高了复合材料的力学性能。当玻璃纤维质量分数过高时,纤维在基体中会难以均匀分散,可能产生部分团聚现象,此时增强纤维与基体间的界面不能获得最优的结合,因此会使复合材料的力学性能有所下降。

图 4 - 29 为不同玻璃纤维质量分数时玻璃纤维/羟基磷灰石-壳聚糖复合材料断裂面的 SEM 照片。由图 4 - 29(a)可知,当玻璃纤维质量分数为 1%时,玻璃纤维在羟基磷灰石-壳聚糖基体中的分布较少,断裂面十分平整,并且没有发现气泡等缺陷,这说明所采取

的合成工艺是合适的。从图 4 - 29(b)中可以看出,当玻璃纤维质量分数为 1.5% 时,玻璃纤维在羟基磷灰石–壳聚糖基体中分布均匀,且没有发现气泡等缺陷。试样断裂后仅有少量玻璃纤维因被拔出而留下的孔洞以及玻璃纤维被部分拔出后断裂的现象,同时,断裂面层次分明,说明玻璃纤维与基体的结合是一个较好的界面结合,玻璃纤维起到了增强、增韧的效果。当材料受到外力作用时,基体可将外力有效地转移到玻璃纤维与基体间的界面上,缓解了基体的受力,提高了整个复合材料的强度和韧性。再由图 4 - 29(c)所示,随着玻璃纤维质量分数的继续增加,复合材料断裂面呈现梯形,基体发生多处断裂,断裂形式表现为典型的韧性断裂,在受到外力的过程中,玻璃纤维从基体拔出相对比较困难,从而可以吸收大量的能量,使得复合材料的韧性得到了进一步提高。与此同时,由于玻璃纤维质量分数较高,复合材料的致密度有所降低,使得试样的力学性能有所下降,这与图 4 - 28 的力学性能分析相一致。

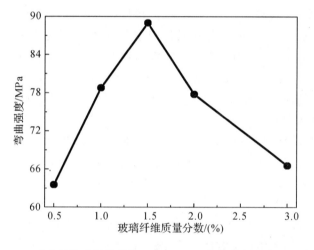

图 4 - 28　玻璃纤维质量分数与 G_f/HA - CS 复合材料弯曲强度关系图

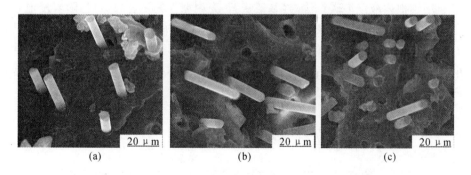

图 4 - 29　不同玻璃纤维质量分数增强试样断面的 SEM 照片

(a)玻璃纤维质量分数为 1%;　(b)玻璃纤维质量分数为 1.5%;　(c)玻璃纤维质量分数为 2.5%

4.5 结　　论

本章以壳聚糖和羟基磷灰石为主要原料、戊二醛为交联剂、纤维为增强相,通过原位共混法和原位杂化法,制备出纤维增强羟基磷灰石-壳聚糖基复合材料。得到以下主要结论:

(1)在碳纤维/羟基磷灰石-壳聚糖复合材料中,随着羟基磷灰石质量分数的增加,碳纤维/羟基磷灰石-壳聚糖生物复合材料的力学性能都呈现先上升后下降的趋势,当 $m_{HA} : m_{CS}$ 为 1:10 时,复合材料的力学性能都达到极大值;随着交联剂体积加入量的增加,复合材料的力学性能也呈现先上升后下降的变化趋势;随着反应温度的升高,复合材料的力学性能同样呈现先上升后下降的变化趋势,当反应温度为 40 ℃ 时,复合材料的力学性能达到最大值。

(2)在玻璃纤维/羟基磷灰石-壳聚糖复合材料中,随着羟基磷灰石质量分数的增加,玻璃纤维/羟基磷灰石-壳聚糖复合材料的力学性能都呈现先上升后下降的趋势,当 $m_{HA} : m_{CS}$ 为 1:10 时,复合材料的力学性能都达到极大值;随着交联剂体积加入量的增加,复合材料的力学性能也呈现先上升后下降的变化趋势;随着反应温度的升高,复合材料的力学性能同样呈现先上升后下降的变化趋势,当反应温度为 40 ℃ 时,复合材料的力学性能达到最大值。

(3)随着增强相碳纤维质量分数的增加,碳纤维/羟基磷灰石-壳聚糖生物复合材料的弯曲强度和压缩强度都呈现先上升后下降的变化趋势,复合材料的韧性呈线性上升的趋势,当碳纤维质量分数为 1.5% 时,复合材料的弯曲强度和压缩强度分别达到最大值 73.57 MPa 和 69.18 MPa。

(4)在碳纤维/羟基磷灰石-壳聚糖生物复合材料的吸湿膨胀试验中,复合材料的吸水率与其所含羟基磷灰石的质量分数成反比,通过控制羟基磷灰石的质量分数可以控制复合材料的膨胀度。

(5)当用模拟体液浸泡碳纤维/羟基磷灰石-壳聚糖生物复合材料时,随着浸泡时间的延长,复合材料的表面羟基磷灰石沉积物逐渐增多,当浸泡 28 天时,试样表面几乎已经被羟基磷灰石沉积物所覆盖,碳纤维/羟基磷灰石-壳聚糖生物复合材料具有良好的生物活性。同时,经过模拟体液浸泡后的复合材料弯曲强度基本没有变化,模拟体液的浸泡对碳纤维/羟基磷灰石-壳聚糖生物复合材料的力学性能没有影响。

参 考 文 献

[1] 张建湘,汤健,徐斌,等. 壳聚糖钉固定兔胫骨近端截骨的实验研究[J]. 生物医学工程学杂志,1998,2(15):179-182.

[2] ITOH S, KIKUCHI M, TAKAKUDA K, et al. The Biocompatibility and Osteoconductive Activity of a Novel Hydroxyapatiite/Collagen Composite

Biomaterial, and Its Function as a Carrier of RhBMP – 2[J]. Journal of Biomedical Materials Research, 2001, 54: 445 – 453.

[3] 涂献玉,高林,邓德明,等. 碳纤维增强壳聚糖内固定棒的研制及力学性能评价[J]. 长江大学学报,2005,2(12): 333 – 335.

[4] 万涛,闫玉华,陈波,等. PMMA/HA – GF 复合材料[J]. 中国有色金属学报,2002,12(5): 935 – 939.

[5] 曹丽云,郑斌,黄剑锋,等. 工艺因素对 $ZrO_{2(f)}$/PMMA – PMA 复合材料弯曲强度的影响[J]. 复合材料学报,2007,24(3):59 – 62.

[6] Van de Velde. Structure analysis and degree of substation of chitin, chitosan and dibutyryl chitin by FTIR spectroscopy and solid state C – 13 NMR [J]. Carbohydrate Polymers, 2004, 58: 409 – 416.

[7] LAVERTU M, XIA Z, SERREQI A N, et. al. A validated H – 1 NMR method for the determination of the degree of deacetylation of chitosan[J]. Journal of Pharmaceutical and Biomedical Analysis, 2003, 32:1149 – 1158.

[8] VANDE VORD P J, MATTHEW H W T, DESILVA S P, et al. Evaluation of the biocompatibility of a chitosan scaffold in mice[J]. Journal of Biomedical Materials Research. 2002, 59:585 – 590.

[9] SENKOYLU A, SIMSEK A, SAHIN F, et al. Interaction of cultured chondrocytes with chitosan scaffold[J]. Journal of Bioactive and Compatible Polymers, 2001, 16:136 – 144.

[10] LIAO S S, CUI F Z, ZHANG W, et al. Hierarchically biomimetic bone scaffold materials: Nano – HA/collagen/PLA composite [J]. Journal of Biomedical Materials Research Part B – Applied Biomaterials,2004,69B(2):158 – 165.

[11] STIGTER M, DE GROOT K, LAYROLLE P. Incorporation of tobramycin into biomimetic hydroxyapatite coating on titanium[J]. Biomaterials, 2002, 23:414 – 415.

[12] SIVAKUMAR M, MANJUBALA I, RAO K P. Preparation, characterization and in – vitro release of gentamicin from coralline hydroxyapatite – chitosan composite microspheres [J]. Carbohydrate Polymers, 2002, 49:281 – 288.

[13] MATSUDA A, KOBAYASHI H, ITOH S, et al. Immobilization of laminin peptide in molecularly aligned chitosan by covalent bonding[J]. Biomaterials, 2005, 26: 2273 – 2279.

[14] LIAO S S, GUAN K, CUI F Z,et al. Lumbar Spinal Fusion with a Mineralized Collagen Matrix and rh BMP – Z in a Rabbit Mode[J] Spine, 2003,28(17):1954 – 1960.

[15] 王新,刘玲蓉,张其清. 纳米羟基磷灰石-壳聚糖骨组织工程支架的研究[J]. 中国修复重建外科杂志,2007, 21(2): 120 – 124.

[16] URAGAMI T，MATSUDA T，OKUNO H，et al. Structure of chemically modified chitosan memberanes and their charactoristics of permeation and separation of aguenius ethanol solution［J］. Membarane Sci.， 1994， 88：243－246.

[17] 仵亚红.纤维增强陶瓷基复合材料的强化、韧化机制[J].北京石油化工学院学报， 2003,11(3):34－37

[18] 邹俭鹏，阮建明，黄伯云，等. 真空烧结制备 316L 不锈钢纤维/HA 复合生物材料及其理化性能[J]. 复合材料学报，2005,22(5)：39－46.

[19] 徐祖耀.相变原理[M].北京:科学出版社,1988:21－28.

[20] 段友容,吕万新,王朝元,等.在动态模拟体液中致密 CaP 陶瓷表面形貌对类骨磷灰石层形成的影响研究[J].生物医学工程学杂志,2002,19(2):186－190.

[21] 李忠明,杨鸣波,冯建民,等. 秸秆/聚丙烯复合材料[J].塑料工业,2000,28 (4):9－11.

第5章
纤维增强聚甲基丙烯酸甲酯－聚丙烯酸甲酯生物复合材料

人类社会对新材料的需求使得材料科学研究正逐步脱离依靠经验和摸索的方式,转向按预定功能设计材料结构的方式发展。将两种或两种以上物理化学性质不同的材料按照特定的工艺和方法组合成一种多相固体材料的复合技术不但可以保持各组分的特点,而且通过协同作用使复合材料"取长补短"并显示出不同于单一材料的新性能。这种复合技术一经出现,即成为发展、设计新材料的有力工具。在众多的复合材料中,聚合物/无机物复合材料因为兼具聚合物的性能(易加工、易成型)和无机物的性能(高强度、多功能等),在催化材料、光导材料、光电转化材料、导电材料、导热材料、磁性材料、吸波材料、生物传感材料、生物活性材料和吸附分离材料等功能材料领域有着广泛的应用,在新材料合成领域具有重要作用,已成为材料科学中很有发展前景的一类新型材料。

5.1 聚甲基丙烯酸甲酯的性能及主要用途

5.1.1 聚甲基丙烯酸甲酯简介

聚甲基丙烯酸甲酯英文全称是 Polymethyl methacrylate,是丙烯酸酯类材料中最重要也是最常用的一种材料。它是由甲基丙烯酸甲酯加聚而成的一种高分子聚合物。由于制备方式的不同,其所具有的性质也有一定的差别。聚甲基丙烯酸甲酯因其性能优良,用途广泛,已成为国民经济各部门中得到广泛应用的塑料产品之一。其结构式如图 5-1 所示。

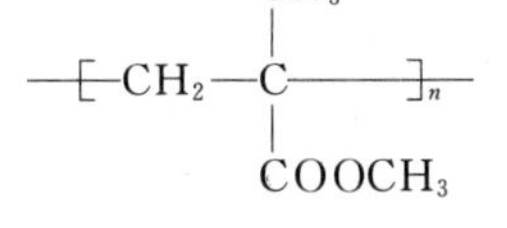

$$-[CH_2-\underset{\underset{COOCH_3}{|}}{\overset{\overset{CH_3}{|}}{C}}]_n-$$

图 5-1 PMMA 结构式

根据不同制备方式以及外观形态,聚甲基丙烯酸甲酯可分为以下三类:

第一类统称为块状聚合物(商业名称为有机玻璃),是用本体聚合法制造而成的。这一类产品制造时所用的甲基丙烯酸甲酯单体原料极纯粹,又是直接在模型中聚合而成的,不易受到外界杂质的污染,所以品质最好,尤其是透明度和机械强度特别高。

第二类统称为粒状聚合物,主要是用悬浮聚合法制成的,主要品种包括模型粉、牙托粉和造牙粉等。其性能与块状聚合体大致相仿,只是透光率和机械强度要相对差一些。

但是它可以通过压铸或挤压等工艺制成各种小型成品。

第三类是含有聚甲基丙烯酸甲酯的液体产品,主要是用乳液聚合法制成的。单体经乳液聚合制成的产品,在聚合过程中往往加入其他单体与之共聚,这样可以改进它的性能,使其更适合于各种特殊用途。

5.1.2　聚甲基丙烯酸甲酯的性能

以丙烯酸及其酯类聚合所得到的聚合物统称丙烯酸类树脂,相应的塑料统称聚丙烯酸类塑料,其中以聚甲基丙烯酯甲酯应用最广泛。聚甲基丙烯酸甲酯,俗称有机玻璃,是迄今为止合成透明材料中质地最优异,价格又比较适宜的品种。聚甲基丙烯酸甲酯是刚性硬质无色透明材料,密度为 $1.18 \sim 1.19 \ g/cm^3$,折射率较小,约为 1.49,透光率达 92%,是优质有机透明材料。

1. 力学性能

聚甲基丙烯酸甲酯具有良好的综合力学性能,在通用塑料中居前列。其拉伸、弯曲、压缩等强度均高于聚烯烃,也高于聚苯乙烯、聚氯乙烯等,但冲击韧性较差,不过也稍优于聚苯乙烯。通过本体聚合浇注而成的聚甲基丙烯酸甲酯板材(例如航空用有机玻璃板材)拉伸、弯曲、压缩等力学性能更高一些,可以达到聚酰胺、聚碳酸酯等工程塑料的水平。

一般而言,聚甲基丙烯酸甲酯的拉伸强度可达到 $50 \sim 77 \ MPa$,弯曲强度可达到 $90 \sim 130 \ MPa$,这些性能数据的上限已达到甚至超过某些工程塑料。其断裂伸长率仅为 $2\% \sim 3\%$,故基本上属于硬而脆的塑料,且具有缺口敏感性,在应力下易开裂,但断裂时断口不像聚苯乙烯和普通无机玻璃那样尖锐且参差不齐。$40℃$ 是其二级转变温度,相当于侧甲基开始运动的温度。超过 $40℃$,该材料的韧性,延展性有所改善。聚甲基丙烯酸甲酯表面硬度低,容易擦伤。

聚甲基丙烯酸甲酯的强度与应力作用时间有关,随受力时间增加,其强度下降。经拉伸取向后的聚甲基丙烯酸甲酯称为定向有机玻璃,得益于凝聚态结构上的取向性,相比于普通有机玻璃,其力学性能有明显提高,缺口敏感性也得到改善。

2. 耐热性

聚甲基丙烯酸甲酯的耐热性并不高,它的玻璃化温度虽然达到 $104℃$,但最高连续使用温度却随工作条件不同在 $65 \sim 95℃$ 之间改变,热变形温度约为 $96℃$。可以用单体与甲基丙烯酸丙烯酯或双酯基丙烯酸乙二醇酯共聚的方法提高耐热性。聚甲基丙烯酸甲酯的耐寒性也较差,脆化温度约为 $9.2℃$。聚甲基丙烯酸甲酯的热稳定性属于中等,优于聚氯乙烯和聚甲醛,但不及聚烯烃和聚苯乙烯,热分解温度略高于 $270℃$,其流动温度约为 $160℃$,故尚有较宽的熔融加工温度范围。

3. 电性能

聚甲基丙烯酸甲酯由于主链侧位含有极性的甲酯基,电性能不及聚烯烃和聚苯乙烯等非极性塑料。但甲酯基的极性并不太大,聚甲基丙烯酸甲酯仍具有良好的介电和电绝缘性能。值得指出的是,聚甲基丙烯酸甲酯乃至整个丙烯酸类塑料,都具有优异的抗电弧性,在电弧作用下,表面不会产生碳化的导电通路和电弧径迹现象。对其电性能而言,20℃是一个二级转变温度,相应于甲酯基开始运动的温度。低于20℃,甲酯基处于冻结状态,此时材料的电性能比处于20℃以上时会有所提高。

4. 耐化学试剂及耐溶剂性

聚甲基丙烯酸甲酯可耐较稀的无机酸,但浓的无机酸可侵蚀它;可耐碱类,但温热的氢氧化钠、氢氧化钾可侵蚀它;可耐盐类和油脂类,耐脂肪烃类,不溶于水、甲醇、甘油等,但可吸收醇类溶胀,并产生应力开裂;不耐酮类、氯代烃和芳烃。它的溶解度参数约为 $18.8~J/cm^3$,在许多氯代烃和芳烃中可以溶解,如二氯乙烷、三氯乙烯、氯仿、甲苯等,乙酸乙烯和丙酮也可以使它溶解。聚甲基丙烯酸甲酯对臭氧和二氧化硫等气体具有良好的抵抗能力(见表5-1)。

表5-1　PMMA在有机溶剂中的耐蚀能力

溶剂种类	室温下耐蚀最大质量分数/(%)	60℃下耐蚀最大质量分数/(%)
硝酸	10	<10
盐酸	31	31
磷酸	50	25
硫酸	25	20
醋酸	50	10
草酸、柠檬酸、酒石酸	饱和溶液	饱和溶液
氢氧化钠、碳酸钠	30	30

5. 稳定性

聚甲基丙烯酸甲酯具有优异的耐大气老化性,长期与二氧化硫、臭氧接触,均能抗腐蚀,氯能轻微腐蚀它的表面。它能溶解在一些有机溶剂中。同时它能吸附各种醇类有机化合物,使体积膨胀表面粗糙发毛,但不能溶解于脂肪族化合物中,能耐潮湿空气并有一定耐老化能力。它的制品不需要保护层,更不需要涂刷油漆等。其试样经4年自然老化试验,质量变化、拉伸强度、透光率略有下降,色泽略有泛黄,抗银纹性下降较明显,冲击强度还略有提高,除此之外,其他物理性能几乎未变化。

5.1.3　聚甲基丙烯酸甲酯的主要用途

作为一种性能优良的树脂材料,聚甲基丙烯酸甲酯被广泛用于许多领域。其中最常见的是本体聚合的块状聚合物,俗称有机玻璃。由于其透明度和机械强度特别高,能广泛应用于交通、工具制造和建筑行业。另外悬浮聚合法制备的粒状聚合物主要用于模型粉、牙托粉、造牙粉等。而用溶液聚合得到的产物多用于配置水乳漆、人造皮革的涂料和印染助染剂的原料等,也可用作透明涂料、黏合剂以及电绝缘、耐化学腐蚀、防潮的特种涂料。随着科学技术的不断发展,聚甲基丙烯酸甲酯在很多新的方面被广泛应用,Mousa 和

Kobayashi 等报道了利用聚甲基丙烯酸甲酯增强生物活性骨水泥,Langer 和 Marburger 等成功利用甲基丙烯酸甲酯和甲基丙烯酸硫丙酯共聚物制备药物缓释系统。另外,聚甲基丙烯酸甲酯还被广泛应用于光纤电缆方面。

聚甲基丙烯酸甲酯由于具有优良的性能,并且易于加工,因而在工业生产、医疗器材、日常生活、建筑和室内装饰等方面的应用日益广泛。与此同时,聚甲基丙烯酸甲酯表面硬度不够,耐磨性较差,在 80~90℃以上便开始软化变形,这些缺点限制了它的应用范围。因此,如何改善聚甲基丙烯酸甲酯的热性能以及力学性能始终是研究热点之一。

5.2 树脂基复合材料

5.2.1 树脂基复合材料的概论及组成

树脂基复合材料的含义为:以有机合成树脂为基体,以粉粒状、微片状、短的或长的纤维状的其他类别物质(非有机合成树脂)为填充、增强剂复合而成的一类新型高分子材料。在树脂基复合材料中,通常有一相为连续相称为基体;另一相为分散相,称为增强材料。树脂基复合材料作为复合材料中的一类,它们在结构形态上有着基本的、共同的特点,也就是它们都是多组分(至少两组分)、多相(至少两相)体系。复合材料中的基体物质必须呈现为连续相,而填充、增强物质则根据实用性能的需要,呈现为分散相或连续相。需要说明的是,这里所说的"相"并非热力学概念中的相,而仅仅是材料系统中的均匀结构部分。树脂连续相是树脂复合材料中最丰富的组分,它是材料的母体,并起到填充、增强剂载体和黏合剂的作用。当填充、增强剂呈现为复合材料中的分散相时,其尺度应该非常微小,大多数场合在数微米至数十微米范围,少数场合也有大到接近毫米或小到接近纳米的情况。呈分散相的填充、增强剂又可称为分散剂,其增强作用往往低于呈连续相的纤维(从其织物)类增强剂。

5.2.2 树脂基复合材料的特点

1. 材料的形成与制品的成型同时完成

高级复合材料的生产过程,也就是制品的生产过程。在高级复合材料制品的成型过程中,增强材料的形状虽然变化不大,但基体的形状有较大改变。高级复合材料的工艺水平直接影响材料或制品的性能,如高级复合材料的薄弱环节是层间剪切强度,它除与纤维的表面质量有关外,更重要的影响因素是制品中的孔隙率。实验表明,当制品孔隙率低于4%时,孔隙率每增加1%,层间剪切强度降低 7%,而孔隙率与工艺操作水平密切相关。又如在各种热固性复合材料的成型方法中都有固化工序,为使固化后的制品具有良好的性能,首先应科学地制定工艺规范,合理确定固化温度、压力、保温时间等工艺参数,这些参数主要决定于选用的树脂体系。工艺过程中对工艺参数的控制直接影响制品的性能,利用复合材料形成和制品成型同时完成的特点,可以实现大型制品一次性整体成型,从而简化制品结构并且减少组成零件和连接零件的数量,这对减轻制品质量,降低工艺消耗和提高结构使用性能十分有利。

2. 加工性能好,综合成本低

因为树脂在固化成前具有一定的流动性,纤维很柔软,依靠模具容易形成所需的形状和尺寸。有的复合材料可以使用廉价简易设备和模具,不用加热和加压,由原材料直接成型出大尺寸的制品。这对单件或小批量产品尤为方便,是金属制品工艺无法相比的。一种树脂基复合材料制品可以用多种方法成型,选择余地大。在选择成型方法时应该根据制品结构、用途、生产成本以及生产条件综合考虑,选择经济和最简便的成型工艺。

3. 原材料价格低廉,树脂可添加性好

复合材料(树脂基、碳基和陶瓷基复合材料以及纳米复合材料)中可添加大量的增强材料(如玻璃纤维、碳纤维和芳纶纤维等)和填料(如木屑、纸浆、矿石粉和木屑等)。这些填料来源广泛、价格低廉,对降低原材料成本具有很大的作用。

4. 制品轻质高强,具有突出的比强度、比模量

树脂基复合材料,特别是纤维增强制品密度仅为 $1.4\sim2.0$ g/cm³,只有普通钢的 $1/6\sim1/4$,比铝合金还轻 $1/3$。而机械强度却达到或超过普通钢的水平,如玻璃纤维/环氧复合材料拉伸和弯曲强度均达 400 MPa 以上。复合材料的比强度和比模量是金属材料所无法比拟的。

5. 良好的尺寸稳定性

由于树脂基复合材料,特别是热固性树脂基体在加工过程受热作用发生交联形成体型网状结构,其制品在常态下尺寸稳定性好,成型之后发生的后收缩性也很小。制品在长时间的连续载荷作用下其形状和尺寸变化极小,即蠕变性小。其蠕变性能主要取决于载荷的大小、温度高低和加载时间的长短诸因素。在固定的载荷和温度条件下,长时间加载后热固性塑料的蠕变量要比热塑性塑料小得多。

6. 优越的耐热、耐高温特性

树脂基复合材料,特别是热固性树脂基复合材料固化后再也不能软化,其制品耐热性相当稳定,用 1.86 MPa 的载荷测定,一般其热变形温度在 $150\sim260℃$ 内;而且纤维增强的热固性复合材料属优良的绝热材料,其导热系数只有金属的 $1/1\,000\sim1/100$,可用作良好的隔热材料和瞬间耐高温材料,材料的热变形温度可达 $350℃$,可用作常温和高温结构材料。玻璃纤维/酚醛树脂类复合材料是火箭、导弹发动机优良的绝热材料。而碳/碳复合材料耐热、耐高温特性可达 $2\,500℃$ 左右。

7. 电性能优良

树脂基复合材料是优良的电绝缘材料,若以云母为填料制得制品,其电性能会更为优异,可用来制造耐电弧性、耐电压、感应特性优越的特殊零部件。由于复合材料具备的优良的电性能,其制品不存在电化学腐蚀和杂散电流腐蚀,可广泛地用于制造仪表、电机及电器中的绝缘零部件,以提高电气设备的可靠性并延长其使用寿命。此外,制品在高频电流作用下有良好的界电性和微波透过性,已用于制造多种雷达罩等高频绝缘产品。

8. 卓越的耐腐蚀性

树脂基复合材料与普通钢的电化学腐蚀机理不同，它不导电，在电解质溶液中不会溶解出离子，因而对大气、水和一般质量分数的酸、碱、盐等介质具有良好的化学稳定性，特别是在强的非氧化性酸中和相当广泛的 pH 范围内的介质中部具有良好的稳定性。因此目前广泛用于制造耐腐蚀制品，以用于不锈钢对付不了的某些介质（如盐酸、氯气、二氧化碳、稀硫酸、次硫酸钠和二氧化硫等）的腐蚀，并发挥了良好的作用。

9. 良好的表面特性

树脂基复合材料与化学介质接触时表面一般很少有腐蚀物产生，也很少结垢，因此常用其制造流体管道，其管道内阻力很小，摩擦因数低，可节约大量的动力。由于树脂基复合材料一般不会像金属那样容易生成金属离子污染介质，所以这也是食品和医药行业广泛采用复合材料制品的原因所在。

另外，树脂基复合材料具有很高的摩擦极限值，在水润滑条件下，其摩擦因数很小，为 $0.01 \sim 0.03$，也是耐磨制件优选材料。

10. 可设计性、可配制性显著

树脂基体属线性高分子材料，具有可塑性，是一种可改变其原料种类、数量比例和排列方式的材料，可根据最终制品的应用要求和环境条件，任意设计原材料配方，配制出适应于不同要求的材料体系。

5.2.3 树脂基复合材料的增强机理

复合材料的增强机理主要有三种类型：① 弥散增强型；② 粒子增强型；③ 纤维增强型。

1. 弥散增强原理

弥散增强复合材料是由弥散材料微粒与基体复合而成。其增强机理与析出强化机理相似，可用 Orowan 机理，即位错理论来解释。

2. 颗粒增强原理

颗粒增强复合材料是由尺寸较大的坚硬颗粒与基体复合而成。其增强原理和弥散增强有区别，在颗粒增强复合材料中，虽然载荷主要由基体承担，但颗粒也承受载荷并约束基体的变形，颗粒阻止基体位错运动的能力越大，增强效果越好。

3. 纤维增强机理

纤维增强复合材料是采用连续的或不连续的纤维与基体复合而成。其增强机理是以高强度、高模量的纤维承受载荷，基体只是作为传递和分散载荷的媒介。这类复合材料的强度与纤维和基体的性能、纤维的体积分数有关，还与纤维与基体界面的结合强度，基体剪切强度和纤维排列、分布和断裂形式有关。

5.2.4 树脂基复合材料的性能

树脂基复合材料得到如此重用，主要是因为它各方面性能都很优越。

1.树脂基复合材料的力学性能

树脂基复合材料具有比强度高、比模量大、抗疲劳性能好等力学特点。

（1）树脂基复合材料的刚度：树脂基复合材料的刚度特性由组分材料的性质、增强材料的取向和所占的体积分数决定。树脂基复合材料的力学研究表明，对于宏观均匀的树脂基复合材料，弹性特性复合是一种混合效应，表现为各种形式的混合律，它是组分材料刚性在某种意义上的平均，界面缺陷对它作用不明显。

（2）树脂基复合材料的强度：树脂基复合材料的强度是一种协同效应，从组分材料的性能和树脂基复合材料本身的细观结构导出其强度性质。其表现在层合材料的层合效应及混杂复合材料的混杂效应上。树脂基复合材料强度问题的复杂性来自可能的各向异性和不规则的分布，也来自不同的破坏模式，而且同一材料在不同的条件和不同的环境下，断裂有可能按不同的方式进行，这些包括基体和纤维（粒子）的结构的变化。除此之外，界面黏结的性质和强弱、堆积的密集性、纤维的搭接、纤维末端的应力集中、裂缝增长的干扰以及塑性与弹性响应的差别等都对其强度有一定的影响。

2.树脂基复合材料的物理性能

树脂基复合材料的物理性能由组分材料的性能及其复合效应所决定。要改善树脂基复合材料的物理性能或在对某些功能进行设计时，往往更倾向于应用一种或多种填料。相对而言，可作为填料的物质种类很多，可用来调节树脂基复合材料的各种物理性能。

3.树脂基复合材料的化学性能

作为树脂基复合材料基体的聚合物本身是有机物质，可能被有机溶剂侵蚀、溶胀、溶解或者引起体系的应力腐蚀。根据基体种类的不同，树脂基复合材料对各种化学物质的敏感程度不同，常见的耐强酸、盐、酯，但不耐碱。一般情况下，人们更注重的是水对材料性能的影响。水一般可导致树脂基复合材料的介电强度下降，水的作用使得材料的化学键断裂时产生光散射和不透明性，对力学性能也有重要影响。

树脂基复合材料的着火与降解产生的挥发性物质有关。某些聚合物在高温条件下可产生一层耐热焦炭，这些聚合物与尼龙、聚酯纤维等复合后，因这些增强物本身的分解导致挥发性物质产生，可带走热量而冷却烧焦的聚合物，进一步提高耐热性，同时赋予复合材料以优良的力学性能，如良好的抗震性。

4.树脂基复合材料的成型工艺特点

树脂基复合材料的成型工艺灵活，其结构和性能具有很强的可设计性。树脂基复合材料可用模具一次成型法来制造各种构件，从而减少了零部件的数量及接头等紧固件，并可节省原材料和工时；还可以通过纤维种类和不同排布的设计，把潜在的性能集中到必要的方向上，使其更有效地发挥作用。通过调节各组分的成分、结构及排列方式，既可使构件在不同方向承受不同的作用力，还可以制成兼有刚性、韧性和塑性等矛盾性能的树脂基复合材料和多功能制品。

树脂基复合材料的成型有许多不同工艺方法，现今工业所需树脂基复合材料大多数应用的都是拉挤成型工艺。可根据浸渍技术把树脂基复合材料拉挤工艺分为非反应型拉挤工艺和反应型拉挤工艺两大类。

5.2.5 树脂基复合材料的发展及应用

20世纪70年代以后,人们在不断拓展玻璃纤维增强树脂基复合材料的应用范围的同时,也开发了一批先进的树脂基复合材料。这种先进的树脂基复合材料具有比玻璃纤维复合材料更好的性能,是用于飞机、火箭、卫星、飞船等航空航天飞行器的理想材料。

自从树脂基复合材料投入应用以来,有三件值得一提的成果。第一件是美国成功制造了一架全部由树脂基复合材料构成的八座商用飞机,第二件是采用大量复合材料制成的哥伦比亚号航天飞机,第三件是在波音-767这架可载80人的客运飞机上使用了树脂复合材料制造了机翼前缘、压力容器、引擎罩等构件。

树脂基复合材料由于具有优良的力学性能,引起人们广泛的关注。国内外对树脂基复合材料的开发研究进展迅速。树脂基复合材料的品种不断增加,应用范围十分广泛,从军工到民用、从尖端技术到一般技术,在国民经济和国防建设中发挥着重要的作用。

1. 树脂基复合材料在建筑工业中的应用

在建筑工业中发展和使用树脂基复合材料对减轻建筑物自重、提高建筑物的使用功能、改革建筑设计、降低工程造价等都十分有利,是实现建筑工业现代化的必要条件。

随着建筑工业的迅速发展,树脂基复合材料越来越多地被用于建筑工程的承载、围护结构,采光制品,门窗装饰材料,给排水工程材料,高层楼房屋顶建筑,特殊建筑等。

2. 树脂基复合材料在化学工业中的应用

以树脂为基体的复合材料作为化学工业的耐腐蚀材料已有五十余年历史,由于树脂基复合材料比强度高、无电化学腐蚀现象与导热系数低、良好的保温性能及电绝缘性能、制品内壁光滑、流体阻力小、维修方便、质量轻、吊装运输方便等优点,已广泛用于石油、化肥、制盐、制药、造纸、海水淡化、生物工程、环境工程及金属电镀等工业中。

3. 树脂基复合材料在机械电器工业中的应用

树脂基复合材料具有比强度高、比模量高、抗疲劳、抗断裂性能好、可设计性强、结构尺寸稳定性好、耐磨、耐腐蚀、减震、降噪及绝缘性好等一系列优点,在机械电器工业获得了极其广泛的应用,如风机、泵、阀门、制冷机械、空压机、起重机械、运输机械、工程机械的制造等等。电气行业曾是复合材料应用最早的部门,也是用量最大的部门之一,并且树脂基复合材料也是优良的绝缘材料。

4. 树脂基复合材料在医疗、娱乐方面的应用

在生物医学方面,复合材料可用于制造人工心脏、人工肺及人工血管等及用于创伤外科的复合材料呼吸器、支架等。在医疗设备方面,主要有复合材料诊断装置,复合材料测量器材及复合材料拐杖、轮椅、搬运车和担架等。除此之外,在娱乐设施中目前国内各大公园及各游乐场的娱乐设施,都基本上用玻璃钢代替了传统材料。

5. 树脂基复合材料在国防、军工及航空航天领域中的应用

复合材料,特别是树脂基复合材料等在航空航天器结构上已得到广泛应用,现已成为

航空航天领域使用的四大结构材料之一,主要应用在飞机、直升机结构部件,地面雷达罩、机载雷达罩、舰载雷达罩以及车载雷达罩,人造卫星,太空站和天地往返运输系统等方面。

5.3　纤维增强树脂基复合材料

新材料的研究、发展与应用一直是当代高新技术的重要内容之一。其中复合材料,特别是先进复合材料在新材料技术领域占有重要的地位,对促进世界各国军用和民用领域的高科技现代化起到了至关重要的作用,因此近年来倍受重视。

碳纤维和氧化锆纤维增强树脂基复合材料是目前先进的复合材料。它们以轻质高强、耐高温、抗腐蚀、热力学性能优良等特点广泛用作结构材料及耐高温抗烧蚀材料,这是其他纤维增强复合材料所无法比拟的。

5.3.1　碳纤维增强树脂基复合材料的性能

碳纤维增强树脂基复合材料具有一系列的优异性能,主要表现在以下方面:

(1)具有高的比强度和比模量:碳纤维增强树脂基复合材料的密度仅为钢材的1/5,钛合金的1/3,比铝合金和玻璃钢还轻,使其比强度(强度/密度)是高强度钢、超硬铝、钛合金的4倍左右,玻璃钢的2倍左右;比模量(模量/密度)是它们的3倍以上。碳纤维增强树脂基复合材料轻而刚、刚而强的特性是其广泛用于宇航结构材料最基本的性能之一。

(2)耐疲劳:在静态下,碳纤维增强树脂基复合材料循环105次、承受90%的极限强度应力时才被破坏,而钢材只能承受极限强度的50%左右。碳纤维增强树脂基复合材料,在应力作用下呈现黏弹性材料的疲劳特性,显示出耐疲劳特性。碳纤维增强树脂基复合材料呈现出良好的抗蠕变性能,这可能与碳纤维的刚性有关。

(3)耐摩擦,抗磨损:碳纤维增强树脂基复合材料有优良的耐疲劳特性、热膨胀系数小和热导率高的特性,具有耐摩擦、抗磨损的基本性能。再加之碳纤维具有乱层石墨结构,自润滑性好,适用于摩擦磨损材料。比磨耗量可用以下三式表示:

$$W_r = KL^a$$

$$a = \frac{b+2}{3}$$

$$N = \left(\frac{S_0}{S}\right)^b$$

式中　　W_r—— 比磨耗量;

　　　　K—— 比例常数;

　　　　S—— 循环作用的应力;

　　　　S_0—— 材料的拉伸强度;

　　　　N—— 断裂时的循环次数。

碳纤维增强树脂基复合材料具有高的拉伸强度,是优良的摩擦材料。

(4)耐蚀性:碳纤维的耐蚀性非常优异,在酸、碱、盐和溶剂中长期浸泡不会溶胀变质。碳纤维增强树脂基复合材料的耐蚀性主要取决于基体树脂。长期在酸、碱、盐和有机溶剂环境中,刻蚀、溶胀等使其变性、腐蚀,会导致复合材料性能下降。

(5)耐水性好:碳纤维增强树脂基复合材料的耐水性好,可长期在潮湿环境和水中使用。一般沿纤维方向(0°)的强度保持率较高,垂直于纤维方向(90°)的强度保持率较低。这可能与基体树脂的吸湿、溶胀有关。

(6)导电性好:碳纤维具有导电性能。碳纤维增强树脂基复合材料导电性能来自碳纤维,基体树脂是绝缘体。因此,碳纤维增强树脂基复合材料的导电性能也具有各向异性。

(7)射线透过性:碳纤维增强树脂基复合材料对 X 射线透过率大,吸收率小,可应用于医疗器材方面。

5.3.2 纤维的增强机理

碳纤维增强树脂基复合材料是以聚合物为基体(连续相),纤维为增强材料(分散相)组成的复合材料。纤维材料的强度和模量一般比基体材料高得多,使它成为主要的承载体。但是必须有一种黏结性能好的基体材料把纤维牢固地黏结起来。同时,基体材料又能起到使外加载荷均匀分布,并传递给纤维的作用。

这种复合材料的特点是,在应力作用下,使纤维的应变与基体树脂的应变归于相等,但由于基体树脂的弹性模量比纤维小得多,且易塑性屈服,因而当纤维和基体处在相同应变时,纤维中的应力要比基体中的应力大得多,致使一些有裂口的纤维先断头,然而由于断头部分受到黏着它的基体的塑性流动的阻碍,断纤维在稍离断头的未断部分仍然与其周围未断纤维一样承担相同的负荷。复合增强的另一原因是基体抑制裂纹的效应,柔软基体依靠切变作用使裂纹不沿垂直方向发展而发生偏斜,导致断裂能有很大一部分用于抵抗基体对纤维的黏着力,从而使裂纹在碳纤维增强树脂基复合材料整个体积内得到一致,而使抵抗裂纹产生、生长、断裂以及裂纹传播的能力都大为提高。因此,碳纤维增强树脂基复合材料的力学性能得到很大的改善和提高。

对于复合材料,复合的目的是使材料具有最佳的强度、刚度和韧性等。因此,对增强纤维与基体材料都有一定的基本要求。

(1)纤维是复合材料的主要承载组分,应具有高强度和高模量。纤维复合材料在使用中,纤维承受载荷的能力越强,就越能发挥其对基体材料的增强作用。高模量即高刚度是保证结构稳定性所必要的。另外,还要求增强纤维的密度小、热稳定性强等。

(2)增强纤维与基体之间能够形成具有一定结合强度的界面。适当的界面结合强度不仅有利于提高材料的整体强度,更重要的是便于将基体所承受的载荷通过界面传递给纤维,以充分发挥其增强作用。若结合强度太低,界面很难传递载荷,不能发挥纤维的增强作用,影响复合材料的整体强度;但结合强度太高也不利,它遏制复合材料在断裂时纤维由基体中拔出而发生的能量吸收过程,降低强度并容易诱发危险的脆性断裂。界面的结合强度主要取决于基体与纤维表面结合的性质以及纤维表面状态。为了提高复合材料的界面强度,可采用对纤维进行表面处理的方法。例如将碳纤维在 60% 的硝酸溶液浸泡

24 h后,纤维表面积可增大30～40倍,纤维表面的羧基数量也增多,使碳纤维与尼龙的复合性能得到改善,界面结合强度提高。

(3)基体中增强纤维的质量分数、尺寸及分布必须适宜。一般而言,基体中纤维的质量分数越高,其增强效果越显著。通常,如果纤维直径越细,则缺陷越少,纤维强度和比表面积也大,对提高界面结合强度有利。纤维长度也是影响其增强效果的重要因素。连续纤维的增强效果比短纤维要好得多。理论计算的结果表明,只有当纤维长度超过某一临界值时,它才能显示出明显的增强效果。这一结论对纤维增强复合材料的设计具有指导意义。纤维在基体中的分布方式应满足制品的受力要求。由于纤维的纵向拉伸强度比横向高数十倍,因此应尽量使纤维平行排列于载荷的作用方向。在受力比较复杂的情况下,可将纤维按不同方向交叉层叠排列,以便在各个方向都能发挥增强作用。

5.3.3 生物安全性的评价

碳纤维92%以上用于复合材料。目前,牙科生物材料的开发越来越多,不但要求它们具有良好的机械性能、物理性能、化学性能,还要具备良好的生物学性能。良好的生物学性能是保证临床应用安全有效的重要技术指标。口腔材料应用于人体后,与人体组织相接触,因此材料对人体应无毒性、无刺激性、无致癌性和致畸变等作用。在体内正常代谢作用下,应保持稳定状态,无生物退变性,其代谢或降解产物对人体无害,且易被代谢。从刘丽等人的研究结果来看,碳纤维增强树脂复合材料无全身毒性,无溶血活性。从生物安全性角度来看可以初步认为它是一种理想的牙科材料。

5.4 实 验 部 分

5.4.1 实验聚合机理

以聚甲基丙烯酸甲酯-聚丙烯酸甲酯为基体,纤维为增强相,采用悬浮聚合的方法,制备纤维增强聚甲基丙烯酸甲酯-聚丙烯酸甲酯基义齿基托复合材料。同时还研究了单体配比、引发剂质量分数、水油体积比、反应温度以及纤维质量分数等工艺因素对复合材料化学组成、显微结构、力学性能和生物相容性的影响。

实验采用甲基丙烯酸甲酯和丙烯酸甲酯为共聚单体,过氧化苯甲酰为引发剂,反应机理为自由基共聚。聚合机理包括链引发、链增长和链终止(见图5-2)。

$$\underset{\overset{\|}{O}}{PhC}-O\underset{\overset{\|}{O}}{O}C-Ph \longrightarrow PhC\underset{\overset{\|}{O}}{-}O\cdot \longrightarrow Ph\cdot+CO_2\uparrow$$

图5-2 BPO引发聚合机理

(1)链引发。链引发过程包含两个反应:一是引发剂均裂成一对初级自由基;二是初级自由基与单体接成,生成单体自由基。

(2)链增长。链引发产生的单体自由基不断地和单体分子结合生成链自由基,如此反复的过程称为链增长反应。由于各种活性链对甲基丙烯酸甲酯结合的倾向都大于丙烯酸甲酯,所以共聚物链中甲基丙烯酸甲酯的单体单元占多数,没有恒比共聚点。但是由于两个单体的竞聚率的差值并不是很大,所以在链增长的过程中,两种活性链对单体的选择性不会有很大差距,只不过对甲基丙烯酸甲酯的选择性占优势。链增长的活性能较低,增长速率很高,单体自由基在瞬间可结合成上千甚至上万个单体,生成聚合物链自由基。在反应体系中,几乎只有单体和聚合物,而链自由基质量分数极小。

(3)链终止。链自由基失去活性形成稳定聚合物分子容量的反应为链终止反应,具有未成对电子的链自由基非常活泼,当两个链自由基相遇时,极易失去活性,形成稳定分子,这一过程为双基终止;链自由基以共价键相结合,形成饱和高分子的反应为双基结合,此时所生成的高分子两端都有引发剂碎片;链自由基夺取另一链自由基相邻碳原子上的氢原子而相互终止的反应称为双基歧化,生成的高分子中只有一个引发剂碎片。甲基丙烯酸甲酯在60℃以上的反应温度聚合时,双基歧化终止占优势。

5.4.2 实验工艺流程及步骤

在进行实验之前需要对纤维进行预处理,其具体操作如第 2 章 2.2 所述。除了本章所有乳化剂为 OP - 10 之外,其余步骤均相同,在此不再赘述。

实验工艺流程如图 5 - 3 所示。

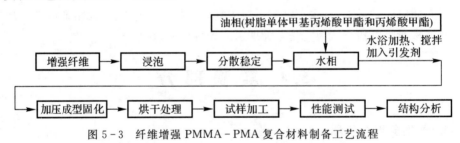

图 5 - 3　纤维增强 PMMA - PMA 复合材料制备工艺流程

在上述聚合机理的基础上,采用悬浮方法制备纤维增强聚甲基丙烯酸甲酯-聚丙烯酸甲酯复合材料,实验工艺流程如图 5 - 3 所示。具体制备工艺为:称量预处理处理后的碳纤维,加入溶有 0.2%～5% 的聚乙烯吡咯烷酮水溶液中(其中水的体积为甲基丙烯酸甲酯体积的 1～5 倍),在室温,频率 40 kHz,超声分散,待碳纤维完全分散后,向溶液中滴加甲基丙烯酸甲酯单体和丙烯酸甲酯单体溶液,然后将其转移到水浴锅中,在水浴条件下加入引发剂过氧化苯甲酰,施以机械搅拌进行悬浮聚合。反应完成后,将聚合物装模,于 60℃,10 MPa 下固化成型,即得到所需的复合材料。所得试样经打磨、抛光后进行性能测试。

5.4.3 工艺因素设计

以下实验中,试样均按照 5.4.2 中制备复合材料工艺方法,其中如未特意指出则反应温度均为 80℃,不再赘述。

1. 单体配比研究

表 5-2 为研究不同单体配比的具体参数。按照前文制备试样的工艺方法,制备了不同单体配比的试样。

表 5-2　单体配比研究的参数

组分	$V_{OP\text{-}10}/g$	V_{H_2O}/mL	$m_{纤维}/g$	V_{MMA}/mL	V_{MA}/mL	m_{BPO}/g
用量	0.10	30	0.15	变量	变量	0.16

2. 引发剂过氧化苯甲酰质量分数研究

表 5-3 为研究不同引发剂过氧化苯甲酰质量分数的具体参数。按照前文制备试样的工艺方法,制备了不同引发剂过氧化苯甲酰质量分数的试样。

表 5-3　引发剂过氧化苯甲酰质量分数研究的参数

组分	$V_{OP\text{-}10}/g$	V_{H_2O}/mL	$m_{纤维}/g$	V_{MMA}/mL	V_{MA}/mL	m_{BPO}/g
用量	0.10	30	0.15	8	2	变量

3. 水油体积比研究

表 5-4 为研究不同水油体积比的具体参数。按照前文制备试样的工艺方法,制备了不同水油体积比的试样。

表 5-4　水油体积比研究的参数

组分	$V_{OP\text{-}10}/g$	V_{H_2O}/mL	$m_{纤维}/g$	V_{MMA}/mL	V_{MA}/mL	m_{BPO}/g
用量	0.10	变量	0.15	8	2	0.16

4. 反应温度研究

表 5-5 为研究不同反应温度的具体参数。按照前文制备试样的工艺方法,制备了不同反应温度的试样。

表 5-5　反应温度研究的参数

组分	$V_{OP\text{-}10}/g$	V_{H_2O}/mL	$m_{纤维}/g$	V_{MMA}/mL	V_{MA}/mL	m_{BPO}/g
用量	0.10	30	0.15	8	2	0.16

5. 纤维质量分数研究

表 5-6 研究不同纤维质量分数的具体参数。按照前文制备试样的工艺方法,制备了不同纤维质量分数的试样。

表 5-6　纤维质量分数研究的参数

组分	V_{OP-10}/g	V_{H_2O}/mL	$m_{纤维}/g$	V_{MMA}/mL	V_{MA}/mL	m_{BPO}/g
用量	0.10	30	变量	8	2	0.16

5.5　氧化锆纤维增强聚甲基丙烯酸甲酯-聚丙烯酸甲酯复合材料的研究

5.5.1　氧化锆纤维/聚甲基丙烯酸甲酯-聚丙烯酸甲酯复合材料的红外光谱分析

图 5-4 是氧化锆纤维质量分数为 1% 的氧化锆纤维/聚甲基丙烯酸甲酯-聚丙烯酸甲酯复合材料的红外光谱分析图。图中的各个吸收峰对应的官能团分别为：3 418.36 cm^{-1} 为 O—H 的振动吸收峰；2 953.74 cm^{-1} 为 C—CH$_3$ 的 C—H 伸缩振动吸收峰；1 451.76 cm^{-1} 为 CH$_3$ 的弯曲振动吸收峰；1 389.87 cm^{-1} 为 CH$_2$ 的弯曲振动吸收峰；1 242.69 cm^{-1}，1 149.17 cm^{-1} 为 C—O—C 的反对称伸缩振动和对称振动吸收峰；753.87 cm^{-1} 为氧化锆纤维 Zr—O 的吸收峰。除此之外没有发现 C=C 的特征峰，说明甲基丙烯酸甲酯和丙烯酸甲酯单体中的双键已被打开，并发生了聚合反应。从上面的分析可知，新制备的氧化锆纤维/聚甲基丙烯酸甲酯-聚丙烯酸甲酯复合材料中，甲基丙烯酸甲酯和丙烯酸甲酯单体已完全发生聚合，材料中除了氧化锆纤维外，基体为聚甲基丙烯酸甲酯和聚丙烯酸甲酯的复合物。

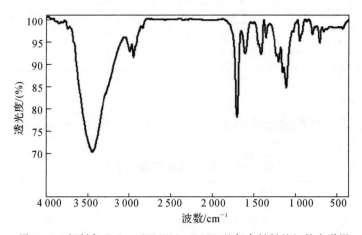

图 5-4　新制备 ZrO$_{2(f)}$/PMMA-PMA 基复合材料的红外光谱图

5.5.2　氧化锆纤维/聚甲基丙烯酸甲酯-聚丙烯酸甲酯复合材料的 XRD 分析

图 5-5 是所制备的氧化锆纤维聚甲基丙烯酸甲酯-聚丙烯酸甲酯复合材料的 XRD 图谱。由图 5-5 可以看出，在 $2\theta = 14°$ 附近为聚甲基丙烯酸甲酯的非晶态衍射包。此外，

还出现了归属于氧化锆纤维的衍射峰,没有发现单体的衍射峰,说明甲基丙烯酸甲酯和丙烯酸甲酯已完全参与聚合。这与图5-4的红外光谱分析结果基本上吻合。

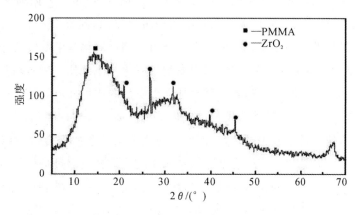

图5-5 $ZrO_{2(f)}$/PMMA-PMA复合材料的XRD图谱

5.5.3 工艺因素对氧化锆纤维/聚甲基丙烯酸甲酯–聚丙烯酸甲酯复合材料弯曲强度的影响

1.单体配比对复合材料弯曲强度的影响

图5-6为V_{MMA}:V_{MA}与氧化锆纤维/聚甲基丙烯酸甲酯–聚丙烯酸甲酯复合材料试样的弯曲强度关系图。从图中可以看出,随着丙烯酸甲酯单体体积分数的增加,试样的弯曲强度也随之增大,当V_{MMA}:V_{MA}达到9:1时,试样的弯曲强度达到最大值。继续增大丙烯酸甲酯的加入量,复合材料的弯曲强度开始呈现下降的趋势。这主要是因为甲基丙烯酸甲酯为硬单体,聚合物链中含支链—CH_3,占空间大,不易变形,韧性较差。而丙烯酸甲酯为软单体,当加入少量丙烯酸甲酯时,有利于增加试样的弯曲强度,但是体积分数过高的丙烯酸甲酯会影响复合材料的弯曲强度,使试样的弯曲强度降低。

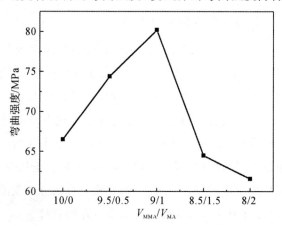

图5-6 V_{MMA}:V_{MA}与$ZrO_{2(f)}$/PMMA-PMA复合材料弯曲强度关系图

2. 引发剂过氧化甲酰质量分数对复合材料弯曲强度的影响

图 5-7 为引发剂过氧化苯甲酰质量分数与氧化锆纤维/聚甲基丙烯酸甲酯-聚丙烯酸甲酯复合材料试样的弯曲强度关系图。从图中可以看出,随着引发剂过氧化苯甲酰质量分数的增加,试样的弯曲强度也逐渐增大。当引发剂过氧化苯甲酰质量分数为 $1.5\% \sim 2\%$ 时,试样的弯曲强度增加较为平缓,当引发剂过氧化苯甲酰质量分数增加到 2% 时,试样的弯曲强度达到最大值 80.2 MPa。继续加大引发剂的质量分数,试样的弯曲强度开始呈现下降的趋势。这是因为随着引发剂过氧化苯甲酰质量分数的增加,由引发剂分解而来的自由基增多,使活性中心也增多,从而使反应生成大分子的聚合物,相对分子质量增大,弯曲强度呈现上升趋势。当引发剂过氧化苯甲酰质量分数超过最佳值 2% 时,由于引发剂的质量分数过大,分解的自由基过多,造成引发速度过快,聚合不充分,使聚合物分子链反而变短,相对分子质量减小,从而使得复合材料弯曲强度又开始下降。

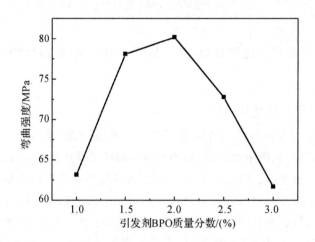

图 5-7 引发剂 BPO 质量分数与 $ZrO_{2(f)}$/PMMA-PMA 复合材料弯曲强度关系图

3. 水油体积比对复合材料弯曲强度的影响

图 5-8 为水油体积比与氧化锆纤维/聚甲基丙烯酸甲酯-聚丙烯酸甲酯复合材料试样的弯曲强度关系图。从图 5-8 中可以看出,随着水在反应环境中体积分数的增加,试样的弯曲强度也随之增大,当水油体积比达到 4:1 时,试样的弯曲强度达到最大值。继续增大反应环境中水的加入量,复合材料的弯曲强度开始呈现下降的趋势。这是因为在悬浮聚合的反应过程中,随着反应环境中水的加入量的增大,有利于传递由于反应过程中所产生的热量,从而使单体甲基丙烯酸甲酯和丙烯酸甲酯的聚合更加充分,制备出更加结合紧密的基体,但是反应环境中水的加入量过大,会导致聚合物分子量的下降,因此,当水油体积比超过 4:1 时,复合材料的弯曲强度开始呈现下降的趋势。

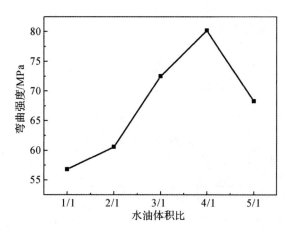

图 5-8　水油体积比与 $ZrO_{2(f)}$/PMMA-PMA 复合材料弯曲强度关系图

4.反应温度对复合材料弯曲强度的影响

图 5-9 为反应温度与氧化锆纤维/聚甲基丙烯酸甲酯-聚丙烯酸甲酯复合材料试样的弯曲强度关系图。从图 5-9 中可以看出，随着反应温度的升高，试样的弯曲强度也增强，当反应温度达到 80℃时，试样的弯曲强度达到最大值，继续升高反应温度，复合材料的弯曲强度开始呈现下降的趋势。这是因为当反应温度较低的时候，反应体系中的自由基较少，从而导致聚合不充分，但是当反应温度超过 80℃时，由于反应过程中生成过多的自由基使反应发生爆聚，同时会使聚合物的相对分子质量下降，因此，当反应温度超过 80℃时，复合材料的弯曲强度开始呈现下降的趋势。

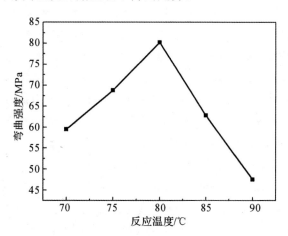

图 5-9　反应温度与 $ZrO_{2(f)}$/PMMA-PMA 复合材料弯曲强度关系图

5.氧化锆纤维质量分数对复合材料弯曲强度的影响

图 5-10 是氧化锆纤维质量分数与氧化锆纤维/聚甲基丙烯酸甲酯-聚丙烯酸甲酯复

合材料试样的弯曲强度关系图。从图中可以看出,随着纤维质量分数的增加,试样的弯曲强度也逐渐增大,当纤维质量分数增加到1%时,试样的弯曲强度达到最大值。继续增加纤维质量分数,试样的弯曲强度又略有下降。这是因为复合材料的力学性能不仅取决于增强纤维和基体的特性,同时与纤维和基体间的界面结合强度有关。当纤维质量分数较低时,增强纤维可以均匀地分散在基体中,纤维和基体结合紧密,由于纤维和基体界面间的协同作用,提高了复合材料的弯曲强度。当纤维质量分数过高时,纤维在基体中会难以均匀分散,可能产生部分团聚现象,会影响到增强纤维与基体间的界面,使之不能获得最优的结合,因此使复合材料的弯曲强度有所下降。

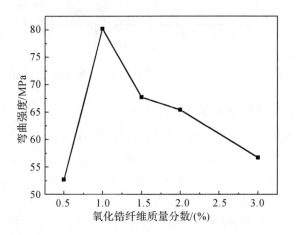

图 5 - 10　氧化锆纤维质量分数与 $ZrO_{2(f)}$/PMMA - PMA 复合材料弯曲强度关系图

　　图 5 - 11 为不同氧化锆纤维质量分数时氧化锆纤维/聚甲基丙烯酸甲酯-聚丙烯酸甲酯复合材料试样断裂面的 SEM 照片。由图 5 - 11(a)可知,当纤维质量分数为 0.5% 时,纤维在聚甲基丙烯酸甲酯-聚丙烯酸甲酯基体中的分布很少,试样断裂面十分平整,并且没有发现气泡等缺陷,这说明所采取的合成工艺是合适的。从图 5 - 11(b)中可以看出,当纤维质量分数为 1% 时,纤维在聚甲基丙烯酸甲酯-聚丙烯酸甲酯基体中分布均匀,且没有发现气泡等缺陷。试样断裂后仅有少量纤维因被拔出而留下的孔洞以及纤维被部分拔出后断裂的现象,同时,断裂面层次分明,说明纤维与基体的结合是一个较好的界面结合,氧化锆纤维起到了增强、增韧的效果。当材料受到外力作用时,基体可将外力有效地转移到纤维与基体间的界面上,缓解了基体的受力,提高了整个复合材料的强度和韧性。再由图 5 - 11(c)所示,随着氧化锆纤维质量分数的继续增加,复合材料断裂面呈现梯形,基体发生多处断裂,断裂形式表现为典型的韧性断裂,在受到外力的过程中,纤维从基体拔出相对比较困难,从而可以吸收大量的能量,使得复合材料的韧性得到了进一步提高,与此同时,由于纤维质量分数较高,复合材料的致密度有所降低,使得试样的弯曲强度有所下降,这与图 5 - 10 的力学性能分析相一致。

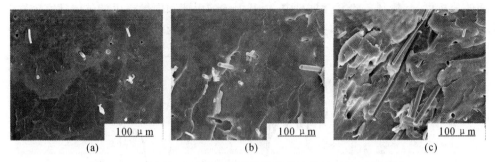

图5-11 不同氧化锆纤维质量分数增强试样断面的SEM照片

(a)氧化锆质量分数为0.5%；　(b)氧化锆质量分数为1%；　(c)氧化锆质量分数为3%

5.5.4 小结

以甲基丙烯酸甲酯和丙烯酸甲酯为原料,过氧化苯甲酰为引发剂,氧化锆纤维为增强相,通过悬浮聚合的方法,可以制备出氧化锆纤维增强聚甲基丙烯酸甲酯-聚丙烯酸甲酯复合材料,得出以下结论：

(1)随着丙烯酸甲酯和引发剂过氧化苯甲酰质量分数的增加,氧化锆纤维/聚甲基丙烯酸甲酯-聚丙烯酸甲酯复合材料的弯曲强度都呈现先上升后下降的趋势,当 V_{MMA} : V_{MA} 体积比为9:1和过氧化苯甲酰质量分数为2.0%时,复合材料的弯曲强度都达到最大值；随着水油体积比的增加,复合材料的弯曲强度也呈现先上升后下降的变化趋势,当水油体积比为4:1时,复合材料的弯曲强度达到最大值；随着反应温度的升高,复合材料的弯曲强度同样呈现先上升后下降的变化趋势,当反应温度为80℃时,复合材料的弯曲强度达到最大值。

(2)随着增强相氧化锆纤维质量分数的增加,氧化锆纤维/聚甲基丙烯酸甲酯-聚丙烯酸甲酯复合材料的弯曲强度呈现先上升后下降的变化趋势,复合材料的韧性也有所增加,当氧化锆纤维质量分数为1%时,复合材料的弯曲强度达到最大值80.2 MPa。

5.6 碳纤维增强聚甲基丙烯酸甲酯-聚丙烯酸甲酯复合材料的结构分析

5.6.1 碳纤维/聚甲基丙烯酸甲酯-聚丙烯酸甲酯复合材料的红外光谱分析

图5-12是碳纤维质量分数为3%的碳纤维/聚甲基丙烯酸甲酯-聚丙烯酸甲酯复合材料的红外光谱分析图。图中的各个吸收峰对应的官能团分别为：3 418.36 cm^{-1} 为 O—H 的振动吸收峰；2 953.74 cm^{-1} 为 C—CH$_3$ 的 C—H 伸缩振动吸收峰；1 451.76 cm^{-1} 为 CH$_3$ 的弯曲振动吸收峰；1 389.87 cm^{-1} 为 CH$_2$ 的弯曲振动吸收峰；1 242.69 cm^{-1}, 1 149.17 cm^{-1} 为 C—O—C 的反对称伸缩振动和对称振动吸收峰；没有发现 C=C 的特征峰,说明甲基丙烯酸甲酯和丙烯酸甲酯单体中的双键已被打开,并发生了聚合反应。从

上面的分析可知,新制备的复合材料中,甲基丙烯酸甲酯和丙烯酸甲酯单体已完全发生聚合,材料中除了碳纤维外,基体为聚甲基丙烯酸甲酯和聚丙烯酸甲酯的复合物。

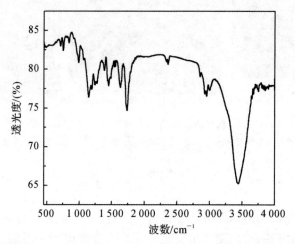

图 5-12　新制备的碳纤维质量分数为 3％的 C_f/PMMA－PMA 基复合材料的红外光谱图

5.6.2　碳纤维/聚甲基丙烯酸甲酯-聚丙烯酸甲酯复合材料的 XRD 分析

图 5-13 是碳纤维质量分数为 3％的碳纤维/聚甲基丙烯酸甲酯-聚丙烯酸甲酯复合材料的 XRD 图谱。由图5-13可以看出,在 $2\theta=14°$附近存在一个非晶态馒头峰,对应于聚甲基丙烯酸甲酯的非晶态衍射包。此外,在 40°附近还出现了归属于碳纤维的衍射峰。在图谱中没有发现甲基丙烯酸甲酯和丙烯酸甲酯单体的衍射峰,这说明甲基丙烯酸甲酯和丙烯酸甲酯已完全参与聚合,此聚合物为碳纤维/聚甲基丙烯酸甲酯-聚丙烯酸甲酯复合材料。

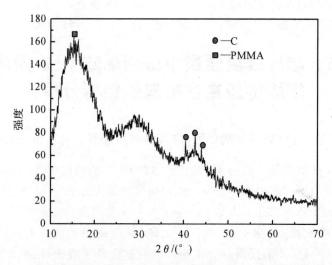

图 5-13　碳纤维质量分数为 3％的 C_f/PMMA－PMA 复合材料的 XRD 图谱

5.6.3 工艺因素对碳纤维/聚甲基丙烯酸甲酯-聚丙烯酸甲酯复合材料力学性能的影响

1. 单体配比对复合材料力学性能的影响

图 5-14(a),5-14(b)分别为 $V_{MMA}:V_{MA}$ 与碳纤维/聚甲基丙烯酸甲酯-聚丙烯酸甲酯复合材料试样的弯曲强度及压缩强度关系图,从图 5-14 中可以看出,随着丙烯酸甲酯单体体积分数的增加,试样的力学性能也随之增大,当 $V_{MMA}:V_{MA}$ 达到 8:2 时,试样的弯曲强度和压缩强度分别达到最大值。继续增大丙烯酸甲酯的加入量,复合材料的弯曲强度和压缩强度开始呈现下降的趋势。这主要是因为甲基丙烯酸甲酯为硬单体,聚合物链中含支链—CH₃,占空间大,不易变形,韧性较差。而丙烯酸甲酯为软单体,当加入少量丙烯酸甲酯时,有利于增强试样的力学性能,但是体积分数过高的丙烯酸甲酯会影响复合材料的力学性能,反而使试样的弯曲强度和压缩强度降低。

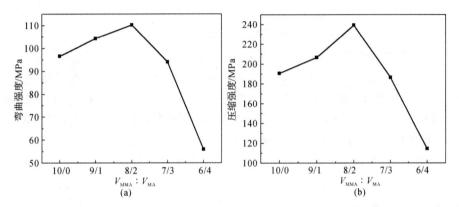

图 5-14 $V_{MMA}:V_{MA}$ 与 C_f/PMMA-PMA 复合材料力学性能关系图

(a)弯曲强度;   (b)压缩强度关系图

2. 引发剂过氧化苯甲酰质量分数对复合材料力学性能的影响

图 5-15(a)和图 5-15(b)分别为引发剂过氧化苯甲酰质量分数与碳纤维/聚甲基丙烯酸甲酯-聚丙烯酸甲酯复合材料试样的弯曲强度及压缩强度关系图,从图 5-15 中可以看出,随着引发剂过氧化苯甲酰质量分数的增加,试样的力学性能也逐渐增大。当引发剂过氧化苯甲酰质量分数增加到 1.6% 时,试样的弯曲强度和压缩强度分别达到最大值 110.3 MPa 和 239.3 MPa。继续加大引发剂过氧化苯甲酰的质量分数,试样的弯曲强度和压缩强度开始呈现下降的趋势。这是因为随着引发剂过氧化苯甲酰质量分数的增加,由引发剂过氧化苯甲酰分解而来的自由基增多,使活性中心也增多,从而使反应生成大分子的聚合物,相对分子量增大,试样力学性能呈现上升趋势。当引发剂过氧化苯甲酰质量分数超过最佳值 1.6% 时,由于引发剂过氧化苯甲酰的质量分数过大,分解的自由基过多,造成引发速度过快,聚合不充分,反而使聚合物分子链变短,相对分子量减小,从而使得复合材料弯曲强度和压缩强度又开始下降。

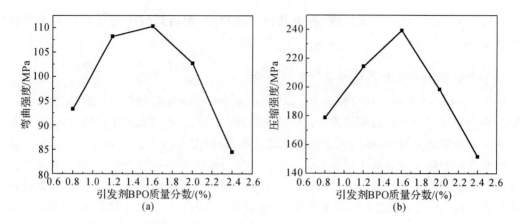

图 5-15 引发剂 BPO 质量分数与 C_f/PMMA-PMA 复合材料力学性能关系图

(a)弯曲强度关系图； (b)压缩强度关系图

3.水油体积比对复合材料力学性能的影响

图 5-16 为水油体积比与碳纤维/聚甲基丙烯酸甲酯-聚丙烯酸甲酯复合材料试样的力学性能关系图,从图 5-16 中可以看出,随着水在反应环境中体积分数的增加,试样的力学性能也增大,当水油体积比达到 3∶1 时,试样的弯曲强度和压缩强度分别达到最大值。继续增大反应环境中水的加入量,复合材料的弯曲强度和压缩强度开始呈现下降的趋势。这是因为在悬浮聚合的反应过程中,反应环境中水的加入量的增大,有利于传递由于反应过程中所产生的热量,从而使单体甲基丙烯酸甲酯和丙烯酸甲酯的聚合更加充分,制备出更加结合紧密的基体,但是反应环境中水的加入量过大,会导致聚合物分子量的下降,因此,当水油体积比超过 3∶1 时,复合材料的弯曲强度和压缩强度开始呈现下降的趋势。

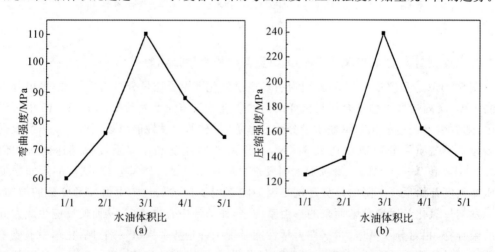

图 5-16 水油体积比与 C_f/PMMA-PMA 复合材料力学性能关系图

(a)弯曲强度关系图； (b)压缩强度关系图

4.反应温度对复合材料力学性能的影响

图 5-17(a)和图 5-17(b)分别为反应温度与碳纤维/聚甲基丙烯酸甲酯-聚丙烯酸甲酯复合材料试样的弯曲强度及压缩强度关系图。从图 5-17 中可以看出,随着反应温度的升高,试样的力学性能也增强,当反应温度达到 80℃时,试样的力学性能达到最大值,继续升高反应温度,复合材料的弯曲强度和压缩强度开始呈现下降的趋势。这是因为当反应温度较低的时候,反应体系中的自由基较少,从而导致聚合不充分,但是当反应温度超过 80℃时,由于反应过程中生成过多的自由基使反应发生爆聚,同时会使聚合物的相对分子质量下降,因此,当反应温度超过 80℃时,复合材料的弯曲强度和压缩强度开始呈现下降的趋势。

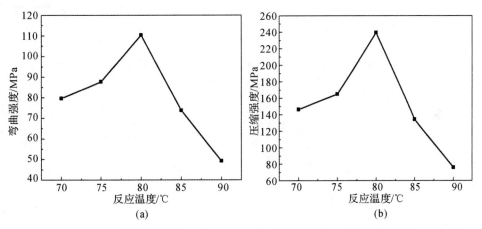

图 5-17　反应温度与 C_f/PMMA-PMA 复合材料力学性能关系图

(a)弯曲强度关系图;　(b)压缩强度关系图

5.碳纤维质量分数对复合材料力学性能的影响

图 5-18(a)和图 5-18(b)分别为碳纤维质量分数与碳纤维/聚甲基丙烯酸甲酯-聚丙烯酸甲酯复合材料试样的弯曲强度及压缩强度关系图,从图 5-18 中可以看出,随着碳纤维质量分数的增加,试样的力学性能也逐渐增大,当碳纤维质量分数增加到 1.5% 时,试样的弯曲强度和压缩强度都达到最大值。继续增加碳纤维质量分数,试样的弯曲强度又开始呈现下降的趋势。这是因为复合材料的力学性能不仅取决于增强纤维和基体的特性,同时与纤维和基体间的界面结合强度有关。当纤维质量分数较低时,增强纤维可以均匀地分散在基体中,纤维和基体结合紧密,由于纤维和基体界面间的协同作用,提高了复合材料的力学性能。当纤维质量分数过高时,纤维在基体中会难以均匀分散,可能产生部分团聚现象,会影响到增强纤维与基体间的界面不能获得最优的结合,因此会使复合材料的力学性能有所下降。

图 5-19 为碳纤维质量分数与碳纤维/聚甲基丙烯酸甲酯-聚丙烯酸甲酯复合材料挠度的关系图。从图 5-19 中可以看出,当碳纤维质量分数在 0.5%~2.5% 的范围内,随着碳纤维质量分数的增加,复合材料的挠度几乎是呈线性趋势上升的。这主要是因为随

着碳纤维质量分数的增加,当基体受到外力的作用时,纤维从基体中被拔出和与基体脱黏的能力得到增强,纤维的表面能增加,从而使复合材料的韧性呈现上升的趋势。

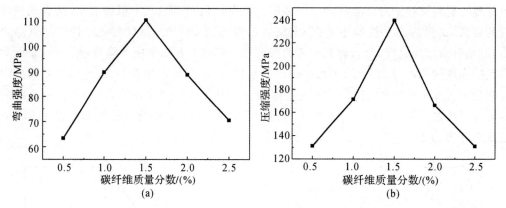

图 5-18　碳纤维质量分数与 C_f/PMMA-PMA 复合材料力学性能关系图

(a)弯曲强度关系图；　(b)压缩强度关系图

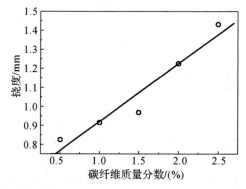

图 5-19　碳纤维质量分数与 C_f/PMMA-PMA 复合材料挠度的关系图

　　图 5-20 为碳纤维质量分数与碳纤维/聚甲基丙烯酸甲酯-聚丙烯酸甲酯复合材料的应力-应变关系图。由图 5-20 可以看出,碳纤维/聚甲基丙烯酸甲酯-聚丙烯酸甲酯复合材料的断裂都是韧性断裂,当碳纤维质量分数为 1％时,复合材料的应变最小,最大应力为 89.6 MPa,随着纤维质量分数增加到 1.5％时,复合材料的应变有所增大,最大应力也上升到 110.3 MPa,这说明随着碳纤维质量分数的增加,增强纤维对碳纤维/聚甲基丙烯酸甲酯-聚丙烯酸甲酯复合材料起到了增强、增韧的作用。当碳纤维的质量分数达到 2.5％时,复合材料的最大应力开始呈现下降的趋势,但是试样的应变仍然呈现增大的趋势,这是由于碳纤维质量分数的过大,影响了复合材料的致密性,从而导致了试样弯曲强度的下降,随着纤维质量分数的继续增加,当基体受到外力的作用时,纤维从基体中被拔出和与基体脱黏的能力得到增强,纤维的表面能增加,从而使复合材料的韧性仍然呈现上升的趋势。

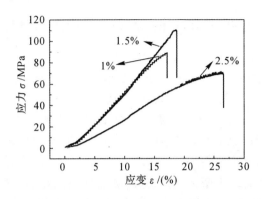

图 5-20　碳纤维质量分数与 C_f/PMMA-PMA 复合材料的应力-应变关系图

图 5-21 为不同碳纤维质量分数时碳纤维/聚甲基丙烯酸甲酯–聚丙烯酸甲酯复合材料试样断裂面的 SEM 照片。由图 5-21(a)可知,当纤维质量分数为 1%时,碳纤维在聚甲基丙烯酸甲酯–聚丙烯酸甲酯基体中的分布很少,断裂面十分平整,并且没有发现气泡等缺陷,这说明所采取的合成工艺是合适的。从图 5-21(b)中可以看出,当纤维质量分数为 1.5%时,碳纤维在聚甲基丙烯酸甲酯–聚丙烯酸甲酯基体中分布均匀,且没有发现气泡等缺陷。试样断裂后仅有少量纤维因被拔出而留下的孔洞以及纤维被部分拔出后断裂的现象,同时,断裂面层次分明,说明纤维与基体的结合是一个较好的界面结合,碳纤维起到了增强、增韧的效果。当材料受到外力作用时,基体可将外力有效地转移到纤维与基体间的界面上,缓解了基体的受力,提高了整个复合材料的强度和韧性。再由图 5-21(c)所示,随着纤维质量分数的继续增加,复合材料断裂面呈现梯形,基体发生多处断裂,断裂形式表现为典型的韧性断裂,在受到外力的过程中,纤维从基体拔出相对比较困难,从而可以吸收大量的能量,使得复合材料的韧性进一步提高,与此同时,由于纤维质量分数较高,复合材料的致密度有所降低,使得试样的力学性能有所下降,这与图 5-18～图 5-20 所示的力学性能分析相一致。

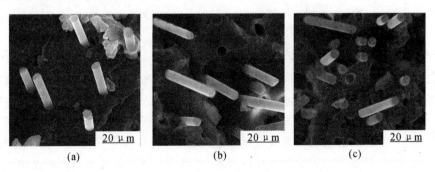

图 5-21　不同碳纤维质量分数增强试样断面的 SEM 照片
(a)碳纤维质量分数为 1%；　(b)碳纤维质量分数为 1.5%；　(c)碳纤维质量分数为 2.5%

5.6.4 碳纤维/聚甲基丙烯酸甲酯-聚丙烯酸甲酯复合材料疲劳性能的研究

1. 疲劳周期对碳纤维/聚甲基丙烯酸甲酯-聚丙烯酸甲酯复合材料弯曲强度的影响

图 5-22 为疲劳周期与碳纤维/聚甲基丙烯酸甲酯-聚丙烯酸甲酯复合材料弯曲强度的关系图。从图5-22可以看出,随着疲劳周期从 0 次到 5 000 次逐渐延长,复合材料的弯曲强度在110.3 MPa上下轻微振动,基本上是呈现一条水平的线性趋势,在0~5 000次的疲劳周期内,碳纤维/聚甲基丙烯酸甲酯-聚丙烯酸甲酯复合材料的弯曲强度基本没有变化。在疲劳试验的整个过程中,碳纤维/聚甲基丙烯酸甲酯-聚丙烯酸甲酯复合材料内部的部分树脂基体本应发生塑性变形,随着疲劳次数的增加,试样的变形量也逐渐积累,复合材料的弯曲强度应该有所下降,但图 5-22 呈现出的弯曲强度基本没有下降,这表明在疲劳次数为0~5 000 次内,疲劳试验对碳纤维/聚甲基丙烯酸甲酯-聚丙烯酸甲酯复合材料的弯曲强度变化没有影响,碳纤维/聚甲基丙烯酸甲酯-聚丙烯酸甲酯复合材料具有良好的耐疲劳特性。

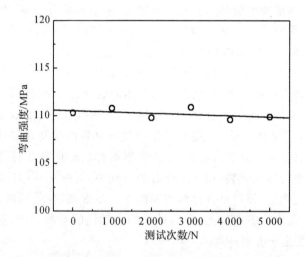

图 5-22　疲劳周期与 C_f/PMMA-PMA 复合材料弯曲强度的关系图

2. 疲劳试验后复合材料的表面形貌分析

图 5-23 为碳纤维/聚甲基丙烯酸甲酯-聚丙烯酸甲酯复合材料在不同疲劳周期下的SEM 图。从图 5-23 可以看出,当试样疲劳次数从 0 次达到 5 000 次时,随着疲劳次数的增加,复合材料的表面形貌基本没有变化,试样的表面也没有出现裂纹等现象。根据公开报道的疲劳研究可知,复合材料在疲劳试验的过程中,随着疲劳载荷循环周期数的增加,基体会产生裂纹,纤维会出现脆断和拔出现象,纤维与基体间的界面会出现纵向开裂以及与纤维脱黏行为。从图 5-23 可以看出,在疲劳次数为0~5 000 次范围内,复合材料的表面没有出现上述现象,同时,再结合图 5-22 的力学性能分析,可以认为在疲劳次数为0~5 000次范围内,碳纤维/聚甲基丙烯酸甲酯-聚丙烯酸甲酯复合材料具有良好的耐疲劳特性。

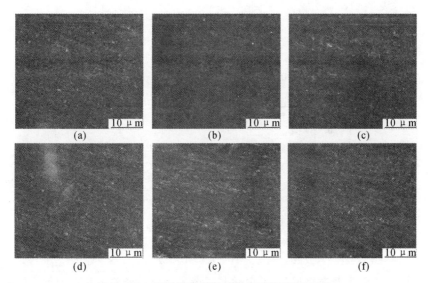

图 5-23　不同疲劳周期试样表面的 SEM 照片

(a) 0 次；　(b) 1 000 次；　(c) 2 000 次　(d) 3 000 次；　(e) 4 000 次；　(f) 5 000 次

5.6.5　碳纤维/聚甲基丙烯酸甲酯-聚丙烯酸甲酯复合材料生物相容性的研究

1. 浸泡前、后碳纤维/聚甲基丙烯酸甲酯-聚丙烯酸甲酯复合材料质量变化

图 5-24 为碳纤维/聚甲基丙烯酸甲酯-聚丙烯酸甲酯复合材料在模拟体液中浸泡不同时间后的质量变化图。由图 5-24 可以看出，复合材料的质量首先有轻微的下降，随后急剧上升，到达 28 天的时候，其质量比浸泡前的质量有所增大，由此可以认为碳纤维/聚甲基丙烯酸甲酯-聚丙烯酸甲酯复合材料在浸泡实验中具有良好的生物活性。浸泡刚开始时，复合材料的质量经历了一个轻微下降的过程，第 4 天的时候，质量下降到最低点。从第 4 天到第 7 天，复合材料失重的情况有所扭转，质量增加速度较快，并超过复合材料浸泡前的质量。从第 7 天到第 14 天，复合材料质量进一步急剧增加。从第 14 天到第 28天，虽然复合材料的质量仍有继续增加的现象，但是增加速度渐趋缓慢。由于聚甲基丙烯酸甲酯是一种非降解聚合物，可以认为它在整个浸泡过程中是一种恒重的状态。在整个浸泡周期内，复合材料的质量变化经历了一个轻微下降再上升的过程，在浸泡第 4 天的时候达到质量最低点。这可能是因为基体中加入的聚丙烯酸甲酯有略微的降解现象导致的，由于从刚开始浸泡到第 4 天的时候聚丙烯酸甲酯的降解速率超过了模拟体液离子沉积的速率，从而导致复合材料的质量有略微的下降，因而表现为轻微的减重。在浸泡 4 天以后，复合材料的质量开始呈现上升的趋势，到第 7 天的时候已经大于浸泡前复合材料的质量，这是随着浸泡时间的增长，钙磷等离子的沉积速率逐渐增大导致的结果。

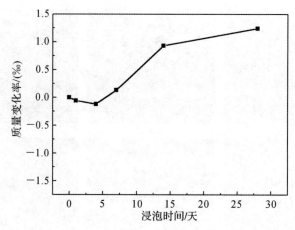

图 5-24　Cf/PMMA-PMA 复合材料在模拟体液中浸泡不同时间的质量变化

2. 碳纤维/聚甲基丙烯酸甲酯-聚丙烯酸甲酯复合材料浸泡不同时间的 XRD 分析

图 5-25 为碳纤维/聚甲基丙烯酸甲酯-聚丙烯酸甲酯复合材料在模拟体液中浸泡不同时间后的 XRD 图谱。由图 5-25 可知,当复合材料从浸泡 1 天到 4 天的时候,复合材料的 XRD 无明显衍射峰出现,在浸泡过程中,会出现羟基磷灰石的沉积,由此可以认为此时的羟基磷灰石结晶度较低。当浸泡 7 天的时候,在 $2\theta=32°$ 附近,开始出现羟基磷灰石(211)晶面的衍射峰。随着浸泡时间延长到 14 天的时候,羟基磷灰石(211)晶面的衍射峰有所增强,同时,在 $2\theta=46°$ 附近也出现了羟基磷灰石(112)晶面的衍射峰。当浸泡时间达到 28 天的时候,在 $2\theta=32°$ 附近的(211)晶面的衍射峰强度进一步增强,峰形尖锐,同时在 $2\theta=46°$ 附近的衍射峰强度也明显增强,这说明复合材料在模拟体液浸泡的过程中,随着浸泡时间的增长,羟基磷灰石也有着旺盛的沉积活动,这与图 5-24 所示的质量变化分析基本一致。

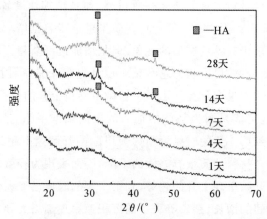

图 5-25　Cf/PMMA-PMA 复合材料在模拟体液中浸泡不同时间的 XRD 图谱

3.碳纤维/聚甲基丙烯酸甲酯-聚丙烯酸甲酯复合材料浸泡后的表面形貌分析

图 5-26 为碳纤维/聚甲基丙烯酸甲酯-聚丙烯酸甲酯复合材料在模拟体液中浸泡不同时间后的 SEM 图。从图 5-26(a)可以看出,当复合材料在模拟体液中浸泡 1 天的时候,试样的表面有少量零星散落着的羟基磷灰石沉积物。从图 5-26(b)可以看出,当复合材料在模拟体液中浸泡 4 天的时候,试样表面形貌与浸泡 1 天时的相似,不同的是试样表面沉积物略有增加。从图 5-26(c)可以看出,当复合材料在模拟体液中浸泡 7 天的时候,试样的表面沉积物已经较浸泡 1 天和 4 天时的有了明显的增多。从图 5-26(d)可以看出,当复合材料在模拟体液中浸泡 14 天的时候,随着浸泡时间的延长,试样表面形成由少至多并且相互连接的一层絮状结晶物,表面沉积物呈现较为密集的分布,这说明碳纤维/聚甲基丙烯酸甲酯-聚丙烯酸甲酯复合材料已经有了较好的生物活性。从图 5-26(e)可以看出,当复合材料在模拟体液中浸泡 28 天的时候,随着试样浸泡时间的继续增加,试样的表面基本已经被表面沉积的羟基磷灰石所覆盖,从试样表面几乎看不到基体,这说明此时的复合材料已经具有优良的生物活性。碳纤维/聚甲基丙烯酸甲酯-聚丙烯酸甲酯复合材料表面沉积物的形成是一个新相形成并长大的过程,可分为两个阶段,即新相晶核的形成和长大。当碳纤维/聚甲基丙烯酸甲酯-聚丙烯酸甲酯复合材料浸泡于模拟体液后,在试样表面相对较高 Cl^-,Ca^{2+},HPO_4^{2-} 和 PO_4^{3-} 的离子质量分数区域,离子间相互作用,并在表面形成晶核,其粗糙表面的凹陷和裂纹则是晶核首先发生的地方。因为粗糙表面的凹陷和裂纹阻碍了液体与材料界面间的相对运动和流动,不利于液体的流动和离子的扩散,而有利于这些区域内离子质量分数的提高,使区域内所存储的钙、磷离子质量分数相对较高,为羟基磷灰石结晶物的形成提供了成核点,这说明材料表面的区域离子质量分数对晶核的形成起着十分重要的作用。图 5-26 的分析结果,与图 5-24 和图 5-25所示的分析相吻合,说明在浸泡过程中,发生了较为旺盛的羟基磷灰石沉积,表明制备的碳纤维/聚甲基丙烯酸甲酯-聚丙烯酸甲酯复合材料具有良好的生物活性。

4.碳纤维/聚甲基丙烯酸甲酯-聚丙烯酸甲酯复合材料浸泡前后的弯曲强度分析

图 5-27 为浸泡时间与碳纤维/聚甲基丙烯酸甲酯-聚丙烯酸甲酯复合材料弯曲强度的关系图。从图 5-27 可以看出,随着浸泡时间的延长,复合材料的弯曲强度基本没有变化,试样的弯曲强度呈现一条水平的线性趋势。这是因为,随着复合材料在模拟体液中浸泡时间的延长,试样的基体和增强的碳纤维都没有发生降解现象,复合材料与纤维间的界面结合没有遭到破坏,从而没有使碳纤维/聚甲基丙烯酸甲酯-聚丙烯酸甲酯复合材料的力学性能下降。这进一步说明,所制备的碳纤维/聚甲基丙烯酸甲酯-聚丙烯酸甲酯复合材料具有优异的生物力学性能。

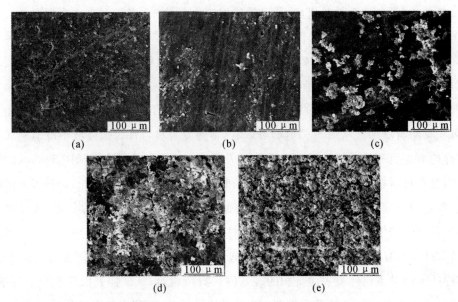

图 5-26 C_f/PMMA-PMA 复合材料在模拟体液中浸泡后的 SEM 图

(a)1 天； (b)4 天； (c)7 天； (d)14 天； (e)28 天

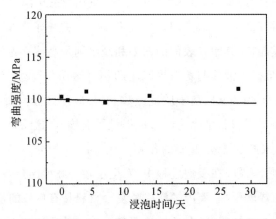

图 5-27 浸泡时间与 C_f/PMMA-PMA 复合材料弯曲强度的关系图

5.7 小　结

本节以甲基丙烯酸甲酯和丙烯酸甲酯为原料、过氧化苯甲酰为引发剂、纤维为增强相，通过悬浮聚合的方法，可以制备出碳纤维/聚甲基丙烯酸甲酯-聚丙烯酸甲酯基复合材料，得出以下结论：

（1）随着丙烯酸甲酯体积分数和引发剂过氧化苯甲酰质量分数的增加，碳纤维/聚甲基丙烯酸甲酯-聚丙烯酸甲酯复合材料的力学性能都呈现先上升后下降的趋势，当甲基丙烯酸甲酯和丙烯酸甲酯体积比为8：2和过氧化苯甲酰质量分数为1.6％时,复合材料的力学性能都达到最大值;随着水油体积比的增加,复合材料的力学性能也呈现先上升后下降的变化趋势,当水油体积比为3：1时,复合材料的力学性能达到最大值;随着反应温度的升高,复合材料的力学性能同样呈现先上升后下降的变化趋势,当反应温度为80℃时,复合材料的力学性能达到最大值。

(2) 随着增强相碳纤维质量分数的增加,碳纤维/聚甲基丙烯酸甲酯-聚丙烯酸甲酯复合材料的弯曲强度和压缩强度都呈现先上升后下降的变化趋势,复合材料的韧性呈线性上升的趋势,当碳纤维质量分数为1.5％时,复合材料的弯曲强度和压缩强度分别达到最大值110.3 MPa和239.3 MPa。

(3) 在碳纤维/聚甲基丙烯酸甲酯-聚丙烯酸甲酯复合材料的疲劳试验中,在0～5 000次的循环次数内,复合材料的弯曲强度没有变化,试样表面的受力处也没有出现裂纹等现象。

(4) 当用模拟体液浸泡碳纤维/聚甲基丙烯酸甲酯-聚丙烯酸甲酯复合材料时,随着浸泡时间的延长,复合材料的表面羟基磷灰石沉积物逐渐增多,当浸泡28天时,试样表面几乎已经被羟基磷灰石沉积物所覆盖,碳纤维/聚甲基丙烯酸甲酯-聚丙烯酸甲酯复合材料具有良好的生物活性,同时,经过模拟体液浸泡后的复合材料弯曲强度基本没有变化,模拟体液的浸泡对碳纤维/聚甲基丙烯酸甲酯-聚丙烯酸甲酯复合材料的力学性能没有影响。

参 考 文 献

[1] 朱光中.纳米复合材料进展概况[J].惠州学院学报,2002,22(3):36-39.
[2] 靳辉,滕枫,孟宪国,等.聚合物/TiO₂分层光电导型器件的电荷传输特性[J].发光学报,2003,24(6):577-582.
[3] 黄大庆,丁鹤雁,刘俊能.碳纳米管/导电聚苯胺纳米复合纤维的合成与表征[J].功能材料,2003,34(2):164-166.
[4] 唐伟,王旭,蔡晓良.聚合物基导热复合材料研究进展[J].化工新型材料,2006,34(10):19-21.
[5] 周克省,黄可龙,孔德明,等.纳米无机物/聚合物复合吸波功能材料[J].高分子材料科学与工程,2002,18(3):15-19.
[6] 王迎军,刘康时.生物医学材料的研究与进展[J].中国陶瓷,1998,34(5):26-29.
[7] 王洪波.我国甲基丙烯酸甲酯单体(MMA)及其聚合物(PMMA)生产,市场基本情况[J].浙江化工,1998,29:11-13.
[8] MOUSA W F,KOBAYASHI M,SHINZATO S,et al. Biological and mechanical properties of PMMA-based bioactive bone cements[J]. Biomaterials,2000,21:2137-2146.
[9] LANGER K, MARBURGER C, BERTHOLD A, et al. Methylmethacrylate

sulfopropylmethacrylate copolymer nanoparticles for drug delivery, Part I: Preparation and physicochemical characterization[J]. International Journal of Pharmaceutics,1996,137:67-74.

[10] 陈丽珍.PMMA前景看好[J].国际化工信息,2003,9:29-37.

[11] 董永祺.我国树脂基复合材料成型工艺的发展方向[J].纤维复合材料,2003,20(2):32-34.

[12] 陈祥宝.先进树脂基复合材料扩大应用的关键[J].高科技纤维与应用,2002,27(6):1-5.

[13] 谭家茂,张淑萍.我国复合材料工艺研究及应用开发[J].玻璃钢/复合材料,2004,(5):53-55.

[14] 赫禹,王丽丽.树脂基复合材料的性能及应用[J].沈阳教育学院学报,2005,7(2):117-119.

[15] 杨福生,赵延斌.国内外热塑性树脂基复合材料现状及发展趋势[J].吉林化工学院学报,2001,18(3):74-78.

[16] 陈祥宝.先进树脂基复合材料的发展[J].航空材料学报,2000,20(1):46-54.

[17] 陈绍杰,申屠年.先进复合材料的近期发展趋势[J].高科技纤维与应用,2004,29(1):1-7.

[18] 张晓虎,孟宇,张炜.碳纤维增强复合材料技术发展现状及趋势[J].纤维复合材料,2004,30(1):50-58.

[19] 彭树文.碳纤维增强尼龙66的研究[J].工程塑料应用,1998,26(9):5-7.

[20] 刘丽,高燕,张烈焚.碳纤维增强型树脂基复合材料的生物安全性评价[J].科技通报,2005,21(6):693-696.

[21] 张之东,张骆梵.树脂合成操作750例[M].北京:高等教育出版社,1979:15-18.

[22] 肖卫东,何本桥,何培新,等.聚合物材料用化学助剂[M].北京:化学工业出版社,2003:8.

[23] 廖水姣,艾照全,李建宗.高固含量BA/MMA/MAA共聚乳液的合成及性能:单体配比的影响[J].中国胶粘剂,1998,7(6):1-3.

[24] 刘瑛,程秀莲,宋襄翎.聚醋酸乙烯酯乳液合成工艺的研究[J].辽宁化工,2004,33(1):7-9.

[25] 贺继东,王娟,李思东.N-苯基马来酰亚胺与苯乙烯共聚合的研究[J].功能高分子学报,1999,12(1):19-22.

[26] 王海荣,张海信,王季红.固体丙烯酸树脂的合成[J].中国涂料,2004,(7):20-21.

[27] 田桂芬,赵小燕,彭烨城,等.反相悬浮聚合分散剂的合成与应用研究[J].化学推进剂与高分子材料,2005,3(5):35-37.

[28] 田国锋,张建斌,刘建伟,等.尼龙1212/蒙脱土纳米复合材料的制备与性能研究[J].工程塑料应用,2003,31(10):9-11.

[29] 李忠明,杨鸣波,冯建民,等.秸秆/聚丙烯复合材料[J].塑料工业,2000,28

(4):9-11.

[30] 仵亚红.纤维增强陶瓷基复合材料的强化、韧化机制[J].北京石油化工学院学报,2003,11(3):34-37.

[31] 韩红梅.C/C复合材料的力学性能及损伤演变研究[D].西安:西北工业大学,2002.

[32] SURESH S,王光中.材料的疲劳[M].北京:国防工业出版社,1999.

[33] 徐祖耀.相变原理[M].北京:科学出版社,1988.

[34] 段友容,吕万新,王朝元,等.在动态模拟体液中致密CaP陶瓷表面形貌对类骨磷灰石层形成的影响研究[J].生物医学工程学杂志,2002,19(2):186-190.